募資提案教父的破億成交術

Google、LinkedIn、高通、迪士尼都找他合作，
簡報、銷售、比稿、說服、談判領域百萬暢銷經典

歐倫・克拉夫 Oren Klaff——著
林步昇——譯

Pitch Anything
An Innovative Method for Presenting,
Persuading, and Winning the Deal

獻給父親，
感謝您為我指引人生方向。

推薦序

All you need is PITCH!

瑪那熊（陳家維）／諮商心理師、溝通培訓講師

Pitch 是什麼呢？它原本是指商業上的推銷、談判、提案、說服，白話就是「促成一筆交易」。其實在日常生活中，不論是買杯咖啡、買件衣服，甚至到買車買房，隨處可見 Pitch 存在（當然，好的賣家或業務，不會讓你輕易發現他正在使用這些技巧）。

那麼，只要我不是業務、店員或「賣東西的人」，Pitch 就與我無關，對吧？很可惜，只要你身處職場，甚至說只要與人有所接觸，都脫離不了 Pitch 這件事。日常中、職場上，只要想讓對方欣然接受某個想法、合作、提議、案子，甚至……接受或認可你這個人，都與 Pitch 息息相關。那什麼樣的高手，號稱可以「Pitch Anything」呢？

美國頂尖募資人歐倫・克拉夫透過一萬小時以上研究出的「神經金融學」，在與許多一流企業的交手經驗中，獲得極高勝率與戰果，至今每週仍在為客戶促成兩百萬美金左右的交易，

可說是「說服高手」、「談判大師」。這本書，就是他不藏私分享實戰經驗以及多種「心理框架」技巧，揭露Pitch的背後原理以及個別步驟，讓你更快抓到提案、簡報、推銷時所需要的各種眉角與訣竅。

如果你本身是工作與銷售有關，或常需要與人合作討論，這本書幾乎可說是必看的溝通聖經。即使你並非從事這類工作，我也強力推薦認真一讀，因為裡面許多方法，只要稍微轉換就可無痛用在人際社交，甚至幫你在情場更加得意順暢（當然，可別變成渣男或海后）。

書中非常吸引我注意的，就是關於「如何吸引對方的注意力」章節。

不論是商場談判、簡報，或是我們跟某個人約會、網聊、攀談，「勾起對方的專注力」可說是基礎又關鍵的互動門票。你絕不希望說話時，對方邊滑手機邊敷衍回你「是喔」、「嗯嗯」。

聽起來很合理，對吧？

那該怎麼吸引對方的注意力，並對你或你說的內容感興趣呢？

歐倫厲害之處，就是他並非「憑感覺」、「靠直覺」來Pitch，他從自身經驗與科學研究中找到可尋之跡，整理出一套又一套的方法。例如他從大腦神經的研究發現，當一個人同時被引發「欲望」又感到「壓迫」時，就會非常專注眼前的人事物。背後原理是「多巴胺」與「去甲腎上腺素」的交互作用，前者是「欲望」的神經傳導物質，後者則是「壓迫感」的神經傳導物質。

「啊我知道，多巴胺就是跟心情好、開心快樂有關嘛！」這說對了一半，因為更精確來說，多巴胺不盡然是促進「愉悅感」的化學物質，而是「預期獎賞」的化學物質。因此，想刺激多巴胺分泌、勾起對方欲望，我們靠的是祭出獎賞。倫敦大學的研究顯示，當人們接收到出乎意料、超過預期的收穫，便會刺激大腦釋放多巴胺，但如果期待落空、感到失望，多巴胺則會流失減少，引發負面情緒。

因此「新奇感」是讓大腦快速分泌多巴胺的關鍵，即使你本身不愛新奇感，但你的大腦很喜歡（嘴巴說不要，身體挺誠實？）。換句話說，出其不意帶給對方驚喜，就會營造新奇感。在向客戶或主管簡報的過程，用新奇感引發多巴胺分泌更是至關重要，如果勾不起對方「想了解」的興趣，即使你的 idea 再好也無用武之地啊。

但是，歐倫又告訴我們，光多巴胺不足以讓對方「專注」，還需要有助於保持敏銳的去甲腎上腺素，來引發「壓迫感」。為什麼呢？

理由很簡單：若眼前的風險為零，對方根本不用費心關注、不需在意你。

因此，互動時提升當下張力、適度營造「緊張感」很重要，這也是為什麼欲擒（拉）故縱（推）很容易產生效果。但作者也強調這麼做，並非要耍什麼心機，僅是促使對方專心關注眼前，好讓你可以有效與他互動。

那怎麼製造「緊張感」呢？就是「吊人胃口」。

在實際操作上，會先「推」才「拉」，聽起來似乎有點難以想像？別擔心，歐倫在書裡提供了許多不同等級的範例，讓你一看就理解。大家不妨試試看，在與人互動、協調時不要一味低姿態討好，而要適度「推拉」，讓對方會「緊張」！

除此之外，作者還提到好幾種「心理框架」，教大家如何見招拆招，非常有趣且值得一看！不過也要留意，這些說服策略的背後，需有真材實料及自信做為基礎，才能運用得自然、順利「成交」。因此，這本書在教的不是單純的「話術」、「權謀」這類表淺功夫，而是兼具心態與實務方法的教戰手冊。無論是想運用在職場或日常社交，都推薦閱讀！

推薦序

搞定提案說服困境，突破「鱷魚腦」難搞心防

詹昭能博士／世新大學社會心理系副教授

話說無論是募資、募款、行銷與教育推廣活動的提案與簡報，還是談判或選戰的說服，既專業又認真的初出茅廬者（例如 Sales），為了 Pitch（勸說或說服）的成功，準備與行動過程勢必使盡全力「賣力演出」，可惜經常無功而返。Why? 只是經驗不足問題嗎？Not quite。

其實，即便是有經驗的人，當遇到了超難搞的訴求對象（書中所說的「鱷魚腦」），也不免遭遇挫敗；怎麼回事兒？

進一步說，在提案簡報或說服場合，專業實務工作者說的與訴求對象接收（或接受）的，顯然未必一致，甚至全然「不對盤」。重要的是對方的心態甚或心防，常超乎提案或說服者的認知或想像。

重點是執行提案或說服的行動時，絕大部分的人都是習慣性的以「人是理性」的思維架構（mindset）為之，因此從準備到行動過程，多半不知不覺地（mindless）陷入有偏誤的直覺式經驗法則（heuristics；或謂認知捷徑）。例如一九八一年由阿莫斯．特沃斯基（Amos N. Tversky）和丹尼爾．康納曼（Daniel Kahneman）提出的框架效應（framing effect）。此項認知偏差（cognitive bias）概念，說明我們對問題的知覺以及對機率與結果的評估，會改變我們的偏好。換言之，問題描述方式或資訊呈現方式會左右我們的決定。

問題是人既是「理性的動物」，也是「感性的動物」；既有喜與怒，也有驚訝，更有愛、惡、欲。另一方面，現實環境充斥複雜資訊與待解難題，人們的認知因而不得不仰賴直覺式的認知捷徑。因此，言行舉止常「自以為是」還不自覺；至少是無心的或不假思索的。唯其如此，在各種的 Pitch 場合，對於訴求對象接收訊息的認知需要或決定關鍵，往往也顯得很「無知」；既不「知己」，也不「知彼」。

有心突破如此這般的困局者，能怎麼辨呢？必得回頭檢視與探究自己與對方的訊息處理過程（informatin processing），亦即覺察與理解雙方對訊息的接收、編碼、轉譯、儲存與提取，乃至於據以判斷與推理（思考）等認知過程。換言之，要加強所謂的「後設認知」（metacognition），也就是「認知的認知」或「知識的知識」。這是一種可以學習或訓練的心智（認知）歷程。就 Pitch 相關實務工作者來說，最需要鍛鍊的是正視人的「非理性」，並將之納入重要考量。歐倫・克拉夫提供的各種「框架策略」就是這麼來的。

進一步說，作者以出自神經金融學、行為財務學及其認知心理學概念為基礎，輔以豐富的實戰經驗，「教導」大家在 Pitch 過程的可用框架、觀點或「視角」，例如：警察框架、權力框架、大獎框架、時間框架、吊胃口框架、社交框架、「機不可失」框架、道德權威框架等體會、解讀事物的方式，乃至於框架疊加策略。對於行銷或提案的相關實務工作者來說，本書可以說是一本 easy-to-read 的教戰手冊；只要看了就懂，懂了就可以用。當商業世界顯得越來越複雜，成功 Pitch 的挑戰愈來愈艱難時，本書堪稱是有如老師父的一本經書。尤其面對「難搞對象」時，為避免被鱷魚腦打槍，更是一本必讀的武功秘笈。重點是讓人讀起來沒有理論與實務的鴻溝，而且知其然也知其所以然；既無需歷經認知心理學的艱苦訓練，也不必有被修理甚或羞辱的難堪經驗與教訓。

然則，無論是行銷提案或說服，類似技巧的使用還得留意「過猶不及」。因此，務求應用得恰到好處，至少得適可而止。以 STRONG 六項技巧或心法來說，從建構框架（Setting the frame）、說好故事（Telling the story）、吊人胃口（Revealing the intrigue）、祭出大獎（Offering the prize），引人上鈎（Nailing the hookpoint）以至於達成交易（Getting the decision）；不覺得挺「富於心機」的嗎？如果因此 Pitch 成功了，訴求對象也滿意其結果，則「皆大歡喜」。反之，如果他不滿意，回顧起來則可能有「被耍」了的感覺，對於信任感的傷害，不容小覷。關鍵是，信任感是所有人際關係（包括與客戶關係）的關鍵性元素，要建立或累積本來很不容易，破壞卻常在一夕之間。如果客戶發覺此項技巧的使用，純粹是訴求者為了成交、致勝或滿足個人目的而「耍的花招」，除非只 Pitch 一次，否則就不會有下次了。

總之，孫子兵法說「知己知彼，百戰百勝」；戰場如此，商場何嘗不然？本書不僅有助於提案與說服專業工作者的 Pitch 效能，對於一般人也有「知己知彼」之功。因此，樂於為之荐。祝福大家閱讀愉快！Pitch Anything Sucessfully!

推薦序 Foreword

面對難纏客戶的六大心法

丁菱娟／世紀奧美公關創辦人

看到這本書之後，我真是心有戚戚焉，心想若能早一點看到的話，或許我就能明白很多事，對客戶的簡報或 Pitch 成功率將會提高很多。

我自己身處於公關的龍頭企業，接觸的都是全球前十大的知名企業，可以想見這些客戶絕非省油的燈，對於當時相對年輕的我是很大的壓力，每次會議或比稿都是一場震撼教育。有的客戶會故意給人下馬威；有的人則是頻頻進出會議室、蓄意干擾簡報進行；有的一開始就表明只給你十分鐘，讓你把重點講清楚。以前遇到這種情況總是戒慎恐懼，不知如何是好。雖然事後知道客戶是在考驗我們的應變能力，以及壓力承受指數，卻沒有一套因應之道。本書作者也經常遇到相同的情境，但是他卻可以將劣勢扭轉成優勢，從客戶端拿回主導權，與客戶平起平坐，這是我最佩服的地方。

當然，Pitch 最重要的還是說服，將你的構想或產品賣給對方，所以一開始在氣勢上好像少了一截，但是腦袋瓜裡若握有客戶所需要的解決方案或創意，其實是客戶比較需要你。所以不必卑躬屈膝，要有自信，想清楚客戶到底需要什麼，你可以為他們解決什麼問題，還有，你要用什麼方式來讓客戶印象深刻，這都是高手過招時的必要思考關鍵點。

作者從精神科學、神經科學、金融學、心理學、行銷行為等各個層面來分析我們在 Pitch 過程的一些狀態，提出了 STRONG 心法，這六大心法其實就足以提供我們在打仗的時候必備的武器了，其中最重要的當然是如何引起人們的注意力以及鉤住他們的興趣。要知道，人的集中力是很容易渙散的，一旦精神不集中，我們講什麼客戶也聽不進去。

有了這六大心法後，還要具備過人的勇氣和充分的準備，臨場的應變能力也相當重要。有時候在 Pitch 過程中，光憑你和客戶一個眼神交換，或客戶的一個肢體小動作，就應該能立即判斷和調整簡報的策略和步驟了。

俗話說得好，沒有賣不掉的產品，只有不會賣的行銷人員。作為行銷人員當然不能說謊，卻應該具有說服的能力。當某一天你可以言之有物、與客戶平起平坐，甚或擁有跟 CEO 對話能力的時候，就是屬於你的必勝時刻。

推薦序 Foreword

建立框架，破解鱷魚腦，任何人都買單

王介安／媒體人．行銷人．GAS口語魅力培訓®創辦人

當我接到本書的中文版，心中充滿感激，因為這本書的英文版已經影響非常多人。《商業周刊》出版此書的繁體中文版，勢必能夠幫助更多人，在職場的溝通談判中尋求一種更好的方法與視角。

多年來從事媒體以及行銷相關的工作，近年我創立了「GAS口語魅力培訓」課程，教授溝通、說服、談判，談的是口語溝通的「影響力」，作者歐倫．克拉夫提出的概念，和我們在學術研究上面的技法不謀而合，尤其是「框架概念」，這本書的許多內容讓我有很大的收穫，希望也能影響大家。

作者克拉夫是位募資高手，也可說是位提案高手，他經手的商業談判個案，被很多專家學者拿來作為教材。「Pitch」一字是整本書的關鍵核心，書中已對Pitch做了解釋，而我則想再

一次點出本書的英文書名*Pitch Anything: An Innovative Method for Presenting, Persuading, and Winning the Deal*，讓你更了解這本書到底想帶給你什麼？英文版書名最直接的理解就是「透過創新模式的提案說服，贏得訂單」。無論生活與工作，溝通協商都是必須的，然而，能讓對方「買單」卻是多麼不容易的一件事。買單，不僅是一種商業行為，也可能是內心的情感意圖；終極目標在於讓對方能夠接納你的想法。

本書最珍貴的，是作者提出了方法與技巧，加上實際個案（他講了很多故事）讓我們理解該如何「操作」。另外書中還融入神經學、心理學、生理學、行為學等研究，幫助我們深入地思考「Pitch 這件事，單靠技巧似乎沒用」。比如，作者談到了人腦運作的「鱷魚腦」，這部分實在太有意思了。我願意先為讀者簡單說明一下：科學家發現鱷魚「睡覺的時候」總是睜一隻眼閉一隻眼，鱷魚看起來兩眼是閉著的，但其實一隻眼睛是處於瞇成縫的狀態、持續不斷地盯著周遭，這都是因為鱷魚大腦非常獨特的運作方式。雖然鱷魚的大腦很小，卻能一半大腦休息，一半大腦工作。如果身邊沒有任何危險，牠會繼續睡覺，一旦產生了「危險」，牠才會開始行動——戰鬥或逃跑。

所以，一般人聽你說話時，內容如果無聊、不新鮮、不有趣，便會自動忽略。光這一點，就足以讓我們思考，每當溝通協商時，到底我們該怎麼引起對方「戰鬥」或「逃跑」呢？

如何鉤住鱷魚腦？如何建立框架？如何面對魔王？……這些都是書中談到的關鍵技巧，如果你能夠妥善運用，相信 Pitch 能力一定能大幅提升。

人與人之間的互動，最困難的是「換位思考」，作者也提到如何進入對方的內心世界，創造對方的「注意力」。引起他人注意的兩大關鍵是欲望和壓力，他甚至還談到了多巴胺和去甲腎上腺素！提供了許多實用又有趣的內容。

我很喜歡這本書，也希望你會喜歡，並且能夠應用其中的技巧，更祝福你能 Pitch Anything，無論在事業上，或感情上。

CONTENTS

推薦序—All you need is PITCH!／瑪那熊 003
推薦序—搞定提案說服困境，突破「鱷魚腦」難搞心防／詹昭能 007
推薦序—面對難纏客戶的六大心法／丁菱娟 011
推薦序—建立框架，破解鱷魚腦，任何人都買單／王介安 013

CHAPTER 1 **Pitch 必勝心法**

Pitch 能力可後天養成 024
Pitch 挑戰：與大師級人物過招 025
為何需要 Pitch 新法則 030
了解並對付「鱷魚腦」 031
訊息與受眾脫節 033

對付鱷魚腦的交戰法則 039
從頭認識 Pitch 必勝心法 042

CHAPTER
2
框架支配

框架本位的商業模式 049
框架支配權乃致勝關鍵 051
警察框架：心理框架運作原理 052
解讀框架，選對框架 055
權力框架 057
邂逅權力框架 059
掌握框架 062
如何破解權力框架 062
大獎框架 065
認識大獎框架 068
打一場談判勝仗：搶救畢生血汗錢 069

CHAPTER

3 人際地位

時間框架 079
吊胃口框架 081
吊人胃口的故事 086
凍結分析師框架 090
營造懸疑感，破除分析師框架 091
重新認識大獎框架 093
大獎框架為何如此重要 094
大獎框架為何效果奇佳 095
深入探討大獎框架：避免常見錯誤 097
社交框架操控達人：法國侍者 104
A咖與B咖 110
B咖陷阱 112
提升人際地位 121

從B咖變A咖：與對沖基金經理交手實錄 122
六大步驟，徹底掌握情境地位 128

CHAPTER 4
任何好點子都能賣

兜售好點子的方法 132
第一階段：介紹自己與好點子 134
「機不可失」框架 136
三大市場力量：預測趨勢 137
一分鐘介紹好點子 142
點子說明範本 142
第二階段：說明開銷與祕訣 147
吸引聽眾的注意力 149
注意力究竟是什麼 151
適時製造壓迫感 155
Pitch的核心 162

簡報的數據和財測 163
競爭對手 164
獨門祕方 165
第三階段：提出合作條件 167

CHAPTER 5

框架疊加和熱認知

第四階段：框架疊加和熱認知 170
喜歡或討厭？熱認知決定 172
喚起熱認知 174
框架疊加技巧 175
熱認知第一步：吊胃口框架 179
熱認知第二步：大獎框架 186
熱認知第三步：時間框架 190
熱認知第四步：道德權威框架 192
現實有待框架詮釋 197

熱認知與冷認知 198

CHAPTER 6
別當纏人精

四度提案：背水一戰 202
為何不能當纏人精 209
纏人的成因 209
反制渴求認同的行為 211
最終提案：決戰時刻 214

CHAPTER 7
魔王級案例研究：十億美元機場改建案

魔王級案子 219
有人搭機來找我求救 222
迎戰魔王前的準備 226

死敵的動態 227
擬定策略與研商 229
期中報告：參戰一個月 231
A咖客戶現身 232
魔王級提案倒數九天 233
提案當天 234
剖析提案思考的點線面 236
提案前重點一覽 240
好戲上場 241
競爭對手的逆襲 255
結果出爐 257

CHAPTER 8

正式投身Pitch戰局

一 七大步驟搞定Pitch 265

CHAPTER 1

Pitch 必勝心法

The Method

首先用簡單幾句話釐清一項觀念：我們「Pitch」①任何事物的方式，都跟受眾的接收方式徹底脫節了。於是，每當到了必須展現說服力的節骨眼，十次有九次都以失敗收場，成功傳達要旨的機率根本低得嚇人。

我們需要了解脫節發生的原因，才能加以克服、戰勝甚至從中獲益。本書就是要教給你這項心法。

Pitch 能力可後天養成

我自己就靠 Pitch 的工夫吃飯，協助有意拓展市占率或上市的企業募資，自認是這行箇中好手。公司行號需要資金時，就會請我當救兵。我成功募得的金額動輒數百萬美元，合作對象不乏萬豪酒店（Marriott）、好時巧克力（Hershey's）、花旗集團（Citigroup）等家喻戶曉的品牌。至今，我每星期依然敲定兩百萬美元左右的生意。表面上，我成功的原因似乎再單純不過：提供給富裕投資人的案子有利可圖，客戶群涵蓋多家華爾街銀行。只不過，我的同行大都如此，募得資金卻遠低於我；我們明明在同一市場競爭、談同一類型的交易、提出同樣的事實和數據，但我的成交金額卻一直名列前茅。這無關運氣，也不是我天賦異稟，況且我還非科班出身，是我手上有一套實用的好方法。

實際上，Pitch 這項商務技能極度講究方法，而非取決於努力程度。用對方法，錢就會流進來；方法愈好，錢就愈多。這對任何人來說都一樣。愈會強調個人立場，就愈容易有所成就，也許是把好點子賣給投資人、遊說客戶選擇跟你合作，甚至是向老闆提加薪，只要善用本書介紹的心法，凡事就會變得游刃有餘。

Pitch 挑戰：與大師級人物過招

多年來，經我推銷並成交的對象不乏當代業界有頭有臉的人物，譬如雅虎（Yahoo!）、谷歌（Google）和高通（Qualcomm）的創辦人。不過，在開始詳述本書要點前，先跟各位分享一個故事：我曾經向湯姆．沃爾夫（Tom Wolfe）[2]口中的「大師級人物」提案。

「強納森」（可不是強尼、湯姆這等無名小卒）是握有鉅額資金的投資銀行家，每年要聽

① Pitch 一字在本書中並非僅指狹義的推銷，可視上下文譯為提案、說服、推廣、勸敗、兜售、簡報、比稿等，因此譯文會視情況保留原文。

取六百到八百項提案，平均每個工作天有三到四項提案等著他。強納森通常僅靠黑莓機上幾封郵件往來，就能做出價值數百萬美元的投資決策。

身為交易高手，這傢伙是貨真價實的狠角色——但我絕對不會透露他的本名，否則無論是誰，官司包準吃不完兜著走。

關於強納森這號人物，我們必須知道三件事：第一，他是個數學天才，可以心算殖利率曲線；他毋需看資產負債表，還能分析話術內容。第二，他見證過上萬筆交易，任何漏洞或唬爛，無論掩飾得再好，全都逃不過他的法眼。第三，他說話態度強硬，卻不失風趣和魅力。因此，強納森向你推銷時，成功機率很大；但換你向他推銷時，機會就變得相當渺茫。然而，若你想在創投圈闖出名號，就一定要跟他談成買賣。因此，幾年前我幫某家軟體公司募資時，就向強納森與其投資團隊敲定提案會議。有鑑於他們的名聲響亮，我知道若能拉攏他們，說服其他猶豫不決的投資人就輕鬆多了，可以想見他們會說：「欸，連強納森都答應了，那我也要加入。」但強納森明白自己背書的影響力，可沒打算讓我輕鬆達成目標。

打從我一開口，他就露出難搞的一面，也許是裝模作樣，也或者是他那天心情不好，但他擺明想介入並主導整場提案。我起初並沒察覺到這點，就按照慣例先建構框架（framing，框架即 frame，目的是建立脈絡和意義，後文會說明何以掌控框架就能掌控對話），然後闡述起自己今天會討論和不會討論的主題，但強納森馬上就用我所謂的解構框架（deframing）技巧來拆招。

舉例來說，當我說：「我們預計明年營業額會衝上一千萬美元。」他會立刻插話：「誰想聽你們估算的假營業額啊，直接跟我說花費多少比較快。」

過了一分鐘，我正在說明「我們的祕方採用了某某先進科技。」他便打斷我說：「哪是什麼祕方啊，不過是番茄醬罷了。」

我知道自己無須回應這些評論，依舊按原訂計畫繼續：「我們最大的客戶名列《財星》雜誌（*Fortune*）全球五十大企業排行榜。」

此時他又插嘴了：「你給我聽好，我再九分鐘就得走，可以請你說重點嗎？」

這人是不是有夠難搞？你可以想像，當時難就難在要一次用對所有技巧：**建構框架**、**說好故事**、**吊人胃口**、**祭出大獎**、**引人上鉤**、**達成交易**，這六項技巧就是我所統稱的 STRONG 心法，很快將於後文介紹。

十二分鐘後，我原先以為會是畢生最成功的一次提案，種種跡象卻都顯示可能是最悽慘的一次。

---

② 美國記者、小說家，被譽為「新新聞主義之父」。

各位不妨設身處地想像我當時的處境：提案才過了十二分鐘，對方就說你的祕方是番茄醬、質疑報告上的預估營業額是騙人的數字，而你只剩九分鐘可用。

我當時的報告完全卡關：明明對自己講的主題瞭若指掌，也能清楚說明要點，組織架構有條不紊，更抱持著無比熱忱，一切都盡善盡美，但就是說服不了對方。問題原來在於：真正厲害的話術並非按部就班，而是要不斷吸引對方的注意力。套用我的 Pitch 心法就是，你必須使用「框架支配」（frame control）主導全場、祭出「誘因」（intrigue pings）激發情感，同時迅速找到「上鉤點」（hookpoint）。（最後兩點的細節稍後奉上。）

面對強納森三不五時插話，我不斷在心裡提醒自己這些步驟，用力吞了幾口口水，藉此掩飾緊張之情。我試圖把話題帶回提案本身，專注在前述三項目標，意志堅定不移。每當強納森解構框架，我就重新建構；當他明顯露出無聊表情，我就拋出幾個誘因（即喚起對方好奇心的簡短資訊），譬如「對了，NFL（美式足球聯盟）有個四分衛也投資囉。」結果成功把他引誘到上鉤點，也就是對方最為專注的時刻。此時，你不必餵任何資訊，對方就會主動往下詢問。一旦我們成功「鉤住」了某人，他們就會躍躍欲試，不但積極參與，還會認真投入。

二十一分鐘結束後，我完成了提案，也確定強納森**上鉤了**。他身子往前傾，低聲對我說：「先別管這樁買賣了。哇靠，你剛才的表現太精彩了。我以為那種話術只有**我**才會！」

我故作若無其事地說：「剛才**那些**可通稱為**神經金融學**（neurofinance），結合了探索大腦功能的神經科學（neuroscience），以及經濟學。我又進一步細分成六個環節。」（就是前面提到的心法。）

強納森固然智商高到可以加入全球天才組織門薩俱樂部（MENSA，加入門檻為智商148），卻對神經科學興趣缺缺。他以前總認為推銷能力屬於先天才華，也許各位也這麼覺得。但見證了我在二十一分鐘內的表現，他的想法隨之改變。因為我的推銷能力顯然是後天養成，而非像他一樣是與生俱來。

「你隨時都能像剛才那樣嗎？」他問道。

「是啊，」我說，「這可是有研究根據的，可以了解大腦如何成功接收新觀念。我單靠這項能力募到了一大堆資金呢。」

強納森早就習慣聽人說大話了。當你每天要聽取三到四項提案，腦袋裡的「嘴砲偵測器」肯定異常發達。所以他接著追問：「你花了多少時間研究這個神經什麼學的東西？」

他原本認定我的答案一定是二十小時，頂多五十小時。

但我的答案完全跌破他的眼鏡：「超過一萬小時吧。」

他要笑不笑地盯著我瞧，摘下了漠不在乎的假面具：「請加入我的團隊，來幫我敲定買賣吧，我包準你會賺大錢。」

我當下著實受寵若驚，不只因為強納森這個上過雜誌封面的響叮噹人物居然邀請我合夥，更因他給予我莫大的肯定，證明了我的方法在至關重要的場合也能奏效。

我婉拒了他的邀請。這位老闆出了名的難搞，即使能賺再多錢也不值得。但他的肯定讓我有勇氣到其他投資公司試水溫。後來我加入了比佛利山莊的蓋瑟控股公司（Geyser Holdings），這名字你或許聽都沒聽過，但它可是最賺錢的創投企業之一。即使經濟開始衰退（景氣還進入了寒冬），我依然在四年內，幫蓋瑟控股從市值一億美元成長為四億美元。

各位讀者可以把我的方法當作成功的藍圖。本書將會提到，你能在任何簡報場合運用這套心法來說服他人。無論你從事的是哪一行，都會像我一樣發現它的妙用。

為何需要 Pitch 新法則

學習 Pitch 的最佳時機就是現在，請立刻開始。現今財源日趨有限，競爭愈發激烈。往往話都還沒說完，客戶就得分神回簡訊、電子郵件或電話，但這還算運氣好；運氣差的話，根本就聯絡不到客戶。若你待過這一行，很快就會發現：愈能維持對方的注意力，對方就愈容易接納你的想法。

你一定心想這是什麼鬼建議？叫人「維持觀眾的注意力」，就好像對網球初學者說「球來了要上旋式回擊」，有說跟沒說一樣！我們真正不懂的是方法啊。這確實值得好好思考。若你在工作上需要賣東西，不論是產品、服務甚至觀念，每個人多少都有類似經驗，應當知道案子能否付諸實行，取決於推銷方法的好壞。另外，你也能明白一旦觀眾內心存疑，遊說就會變得困難重重：他們可能前一分鐘還專注聽你說話，下一分鐘就跑去接電話了。無論如何，我們早晚會有類似經歷，因為只要我們有所求，就必須運用說服的能力；這往往耗費不到我們總工時百分之一的時間，卻至關重要。每當我們必須對外籌措資金、推廣複雜的理念、向老闆要求升遷，都會運用到這項技巧，但多數人的功力竟拙劣得不可思議。

失敗原因可歸結於我們當不了自己的老師。我們對自己說的主題太過熟悉，很難真正同理聽者的感受，因此容易淪為疲勞轟炸，讓人心生厭煩（第四章會討論這點）。但深究最主要的原因，其實真的不能怪我們。接下來將說明，我們之所以不太會推銷，乃是演化造成的大腦缺陷，就像硬體中的瑕疵零件。我們必須加以理解、學會因應，才有機會成為 Pitch 達人。

了解並對付「鱷魚腦」

綜觀大腦演化簡史，我們會發現三件事：

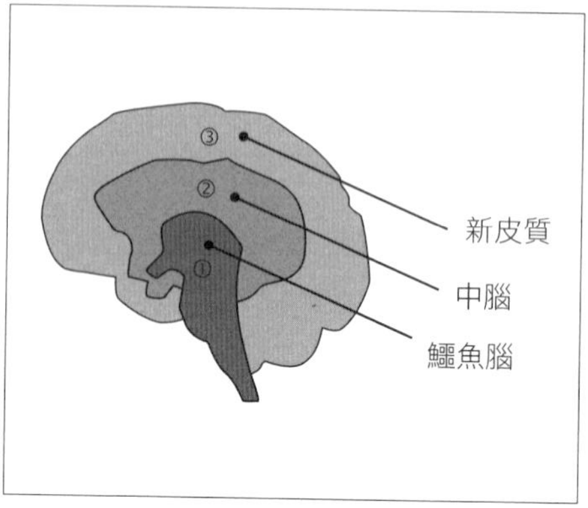

■ 大腦三大區域

一、瑕疵零件從何而來。

二、為何 Pitch 遠比想像中複雜。

三、為何 Pitch 如同物理、數學或醫學等高階能力，必須靠後天習得。

上圖是大腦的三大區域。

首先來談談歷史。近年來，神經科學研究屢有突破，結果顯示大腦的發展分成三個階段。第一個階段是原始腦，又稱「鱷魚腦」，負責初步過濾所有進到腦中的訊息、主導多數戰或逃的反應，也能產生強烈的基本情緒。但若是涉及決策，鱷魚腦的推理能力只能說……呃，很原始，說穿了就是沒太多處理能力，畢竟它的主要任務是維持我們的生命。我凡是提到鱷魚腦，指的就是這個階段。

接下來是中腦，用來決定事物和人際互動的意義。最後發展出來的是新皮質，具備解決問題的能力，能夠思考複雜的議題，並用推理來找答案。

訊息與受眾脫節

根據分子生物學家克雷格・斯馬克（Craig Smucker）所說，我們在推廣理念、推銷產品、談論買賣時，動用的都是大腦的新皮質，這個部位會形成想法、轉換成語言並加以呈現，整個過程僅憑直覺就可完成。

每當想說服某人接受你提出的想法，都需要說明抽象的概念。想當然爾，我一直認為所謂的點子或創意，理應來自大腦用來解決問題的部分。

然而，這正是你我思維出現偏誤的地方。我原以為，既然自身形塑想法的能力由新皮質所掌管，我的聽眾想必也是用新皮質來接收資訊。

事實證明，大錯特錯。

由說話者的新皮質所建構、發送的訊息，其實是由聆聽者的鱷魚腦接收並處理。

你也許跟十年前的我一樣。當時，我深信「大腦就像電腦」的比喻。若我用電腦寄一份Excel 表格給你，你就會用 Excel 開啟閱讀。我以為大腦也是依循同樣原理運作：若我用新皮質創造訊息「寄給」（告訴）你，你想必會用新皮質來打開。

但所有話術或訊息，其實都要先經過鱷魚腦的生存過濾機制，才會跑到新皮質這個邏輯中心；正因人類演化的特殊方式，這些過濾機制讓推銷變得難上加難。

大腦三大區域，各司其職又合作無間

其實，我們都可以感受到大腦三個區域的分工。

譬如，你正準備走去開車，突然被一聲大叫嚇到，首先會反射性地出現害怕的反應（這就是原始鱷魚腦生存本能的機制）。

再來，你會設法找出是誰在大喊，把這項行為歸於特定脈絡之中，藉此理解當下的狀況。這時，你的中腦會判斷對方是否來者不善，究竟是好同事、氣呼呼的停車場管理員，還是圖謀不軌的壞蛋。

最後，專門解決問題的新皮質就會分析當前的框架（這時可能得出以下結論：「別害怕，只是某個男的在叫對街的朋友罷了。」）

這種思考過程剛好符合我們的演化順序：先求生存，接著建構社會關係，最後解決問題。

因此，我非但沒有達成溝通目的，以前自認絕佳的點子往往遭到對方鱷魚腦的排斥，他們可能斷然拒絕、加以阻撓或毫無興趣。

當然，若最後推銷成功，這些訊息終究會抵達對方的新皮質，屆時一旦對方準備說「好，那就這樣敲定」，就代表他正在用大腦最高等的邏輯中心處理資訊。不過，訊息起初並非進到對方大腦的這個區域。

容我進一步說明。相較於地球上其他物種，我們人類屬於軟弱無力、移動緩慢的物種，因此數百萬年來，生而為人的生存之道就是認為萬物具有潛在危險。再加上我們的祖先為了活下去老是疲於奔命，養成了再謹慎也不為過的本能，至今仍存在於我們的潛意識中，每次遇到全新未知的事物就會觸發，譬如碰到陌生人向我們推銷的情況。

我們生來就不擅長 Pitch，
這都是大腦演化方式所致。

你用新皮質推銷自己的點子，對方卻用鱷魚腦來接收，這中間衍生的問題可嚴重了，這也關乎前文提到的瑕疵零件。低階與高階大腦區域之間的差距，不能以兩者在大腦中的實際距離

兩吋來計算，必須以百萬年為單位（確切來說，新皮質花了五百萬年才演化而成）。這是為什麼呢？因為當你滔滔不絕說著「獲利潛力」、「專案整合」、「投資報酬率」和「為何我們應該勇往直前」等自己高階大腦再熟悉不過的概念，桌子另一頭的對方對這些先進又複雜的想法其實充耳未聞，而是以本能反應回敬你。對方當下只想搞懂進到腦中的資訊是否攸關生死；若毫無威脅的話，就會開始思考如何不予理會並全身而退。

當然，初步過濾後，有部分訊息會快速通過中腦、前往新皮質（要不然所有業務會議開起來肯定雞同鴨講），但訊息的完整度和你推銷的內容已有所減損。

首先，鱷魚腦的專注力和能力有限，你的訊息有九成還沒進到中腦和新皮質就被丟棄了。鱷魚腦不善於處理細節，只會傳遞大量明顯又具體的資訊。

第二，如果鱷魚腦覺得你推銷的呈現方式毫無新鮮刺激感，就會**予以忽略**。

第三，若你推銷的內容頗複雜，語言抽象又缺乏視覺線索，就會被當成威脅，但這種威脅並非因為對方害怕遭到攻擊，而是因為沒有脈絡或線索，鱷魚腦會認為這可能要耗費大量腦力理解。這種威脅可大了，畢竟每個人的腦力有限，無法在因應生存需求、日常生活問題、當下工作的難處時，又要消化你模糊不清的指示。面對這類情況，大腦裡的斷路器就會啟動。結果呢？這項具潛在威脅的訊息（也就是你的 Pitch）一進入腦中，就會被神經毒素給鎖定，好比聯邦快遞（FedEx）的追蹤號碼，到頭來會把你的訊息引導至杏仁核處理——然後銷毀。

鱷魚腦的運作方式▼

你在推銷自己的點子時，對方的鱷魚腦並非認真思考著：「嗯，這樁買賣划不划算？」鱷魚腦的反應比較像是：「這又不是什麼緊急事件，我要怎麼敷衍呢？怎麼才能花費最少的時間呢？」

鱷魚腦的過濾機制對周遭世界的眼光很窄，只要不是十萬火急的事，就會努力把它標記成「垃圾訊息」。

若能窺探鱷魚腦的過濾指令，大概就像這樣：

一、不危險，忽略。

二、不新鮮也不刺激，忽略。

三、新訊息就快速摘要，細節則不予理會——緊接著就是最後的指令。

四、除非情況出乎意料或太過特殊，否則不必交給新皮質去解決。

這些是我們大腦的基本運作原則和程序，無怪乎推銷實在不容易。

每個人盡心盡力做了一次 Pitch 後，最怕的就是訊息進到了對方大腦的杏仁核。杏仁核是大腦的恐懼迴路，訊息在此轉換後，會引發心跳加速、出汗、呼吸急促、莫名焦慮等生理反應，還會讓對方想要逃離簡報現場。

Pitch 的內容是由大腦發展最晚也最聰明的區域「新皮質」產出，但他人卻是用已有五百萬年歷史（又不太靈光）的大腦區域接收之。不管你想 Pitch 什麼東西，這都是很嚴重的問題。

如前所述，人類從古至今都仰賴這種原始本能生存下來。假設你被一頭獅子追，高度演化的新皮質（這裡只會花大量時間設法解決問題）全然派不上用場，而是杏仁核的**危險開關**會立即**打開**，警示大腦各個區域，開始發送化學或電流訊號要你**快跑**！你連思考的機會都沒有。雖然我們已從野外叢林進步到文明生活，但大腦依然維持這種運作方式。

近來研究都指向相同結論：進入鱷魚腦的訊息有九成都會經過以下分類（別忘了，所有推銷話術都會先進入這個區域）。

・無聊：自動忽略
・危險：戰／逃
・複雜：徹底摘要後（過程中會遺失許多訊息）把嚴重縮水的版本傳遞出去

多年來，我們都搞錯了，因此才需要全新的 Pitch 法則。

對付鱷魚腦的交戰法則

每當我們提案或推銷結束後，都會問自己兩個問題：

一、我的溝通成功了嗎？
二、對方充分接收到訊息了嗎？

我們都以為，只要自己的點子夠好、沒有結結巴巴、展現討喜的個性，聽眾就會乖乖買單。事實並沒那麼單純。真正至關重要的是，你說的話要達成兩項目標：首先，務必別讓內容引起對方內在的恐懼；第二，確認對方覺得你的內容充滿希望、意想不到又別具心裁——也就是帶給對方驚喜。

想避免引發內心恐懼是困難重重，推銷的內容要帶有新意也不容易。但唯有如此，我們的話術才有一絲機會，因為鱷魚腦只需要特定的資訊——簡單、清楚、不帶威脅，最重要的是新奇並能激發興趣。除非能完成這些溝通目標，否則絕對無法引起關注。

鱷魚腦很愛挑三揀四，在認知能力上又很小氣，只關心個體的生存，不愛做太多事，被迫要工作時又很難伺候，需要看到具體的鐵證才會下決定，細微的差異吸引不了它的注意。這就是你需要遊說的大腦區域。

身為通往心智的主要門戶，鱷魚腦沒太多時間專注於新任務，必須監控龐雜的大腦運作（維持個體生存），無暇處理任何細節，喜歡簡單明瞭的事實，只想在兩個清楚的選項間擇一，需要你快速切入重點。鱷魚腦看一堆 PowerPoint 只會休眠，必須有扼要的重點整理來維持專注力。若鱷魚腦對於你的新提案非常感興趣，就會批准通過，否則就會直接放棄、完全不再理會，逕自處理下一項議題。

總的來說，鱷魚腦這個做出初步反應的區域呈現出一種殘酷的現實：

- 盡可能地忽略你
- 只懂得宏觀思考（需要高度對比、差異清晰的選項）
- 對所見所聞有情緒反應，但最常見的反應是恐懼
- 只在乎當下、專注力短且渴望新奇感
- 需要具體事實——想看確切證據，排斥抽象概念

我在學習對付鱷魚腦的交戰法則時，忽然福至心靈，領悟到兩大重點：第一，我終於找出你我在推銷時面對的根本問題：我們有高度演化的新皮質，充滿著各種細節和抽象概念，新皮質設法說服鱷魚腦，但鱷魚腦偏偏什麼都怕，需要極為單純、清楚、直接和不帶威脅的點子，才會接受我們所說。第二，我發覺每當自己提案很順利，就是無意間依循了先前條列的五項交戰法則。不但賦予了鱷魚腦安全感，也提供簡潔、清楚、圖像化又新奇的資訊，鱷魚腦因此節省了許多力氣。（我也才明白，只要不按照這些法則，往往都以失敗收場。）

為何這些交戰法則對 Pitch 很重要呢？其實也不一定。若你推銷的東西是谷歌安卓手機、3D 電視或法拉利 Coupe 車款，大腦反而會自動滿溢多巴胺（dopamine，即大腦中傳遞愉悅感和獎勵的化學物質），這時再老套的勸敗技倆都會奏效。但只要不是前述那些誘人且難以抗拒的產品，你就得乖乖遵守大腦運作的原理，這也是本書要討論的主軸。

從頭認識 Pitch 必勝心法

自從那次福至心靈過後，我的目標就十分明確了：我得設法弭平新皮質和鱷魚腦雙方世界觀差距的鴻溝。確切來說，若我希望成功傳達 Pitch 內容，就要轉譯新皮質產出的繁複點子，以對方鱷魚腦容易接受與重視的方式呈現。

經過無數嘗試，我才整理出一套有效的心法，現在就要傳授給各位讀者。

第一條原則就是替 Pitch「建構框架」，無論你的理念多麼了不起，都要擺在容易理解的脈絡中。一旦框架建構完成，你就必須掌握「優勢人際地位」，才會有穩固的推銷立基。再來，你得提供「新奇又饒富趣味」的資訊。

為了讓這套心法便於記憶，我運用了首字母縮寫，統稱為 STRONG：

- 建構框架（Setting the frame）
- 說好故事（Telling the story）
- 吊人胃口（Revealing the intrigue）
- 祭出大獎（Offering the prize）
- 引人上鉤（Nailing the hookpoint）

・達成交易（Getting the decision）

多年來，我已運用這項心法（後文會詳細說明）與許多企業高層敲定交易，像是貝爾斯登（Bear Stearns）、波音（Boeing）、迪士尼（Disney）、本田（Honda）、領英（LinkedIn）、德州儀器（Texas Instruments）、山葉（Yamaha）等。每提案一次，我就多了解一分鱷魚腦的行為。後來，我發覺 Pitch 有五個容易出包的地方；過程中每個步驟都代表一個環節，任何失誤都可能導致嚴重後果。當對方的鱷魚腦覺得無聊、困惑或備感威脅，你的提案就岌岌可危了。

接下來，我會說明如何避免這些問題、打造完美的 Pitch，既能獲得鱷魚腦的認可，又能大幅提升成功的機率。

CHAPTER 02

框架支配

Frame Control

二〇〇一年七月，我站在比佛利山莊心臟地帶一間氣派的辦公室前，這裡堪稱好萊塢和金融界的權力走廊，也是事業起飛、敲定交易之地。

我當時準備前往一位大人物的辦公室，那人手中掌控近十億美元的資產。能遇到影響力如此巨大的提案對象，可不是天天都有的事。別誤會，我沒什麼好緊張的，那次很難得，提案者並非我本人，而是我的同事湯姆・戴維斯（Tom Davis）。他要遊說的對象是企業金融界鉅子、億萬富翁貝氏三兄弟之一的比爾・貝茲伯格（Bill Belzberg）。

平時有關注財經新聞的人，應該都聽過貝氏兄弟。一九八〇年代，他們四處伺機掠奪企業股份，因而聲名大噪。只要見過他們其中一人在會議室的風采，就像上了一堂寶貴的金融大師課程，所以我滿心期盼著接下來一小時的會面。

當時湯姆三十一歲，魅力獨具，是位人見人愛的 CEO，經營一家小而美的公司，但缺乏持續成長的資金。為了填平資金缺口，他願意放手一搏，期盼贏得貝茲伯格的肯定。

我暗自微笑，心想這可有意思了。我事先看過湯姆排練提案，他的推銷直覺頗為敏銳。

「我的 Pitch 絕對萬無一失，再說我有鋼鐵般的意志，這次是勢在必得。」我們兩人在貝茲伯格的大廳等候時，他這麼對我說，臉上滿是自信神情。

「拭目以待囉，」我說，「放輕鬆就對了。」

不久後，有人領著我們進了一間會議室。過了三十多分鐘，我們看著雙掩門咻一下推開，比爾．貝茲伯格大步走了進來，彷彿把會議室當成自家沙龍。當時六十九歲的他，身材高瘦，朝著湯姆擺了擺手，示意他可以開始了。湯姆看了我一眼，我對他點了點頭。貝茲伯格依然站著不動，隨即就先下手為強地插話：「聽好了，我只要你告訴我兩件事，每月平均開銷多少錢？你自己又拿多少薪水？」

這可不是湯姆預期會聽到的話。他準備的提案完全不同，當下糗態畢現，急忙在公事包中尋找開銷圖表。湯姆本來的自信和鋼鐵意志瞬間消失，不僅失手將文件掉到地上，說話也有點結巴，簡直不知所措。

然而，貝茲伯格不過才說了兩句話而已。之後你就會明白，天外飛來的寥寥數語，就能掌控任何交易的命運。這是為什麼呢？以下的比喻或許能加以說明。

想像一下，我們每個人周圍都包覆著強大的氣場，所有能量都是由潛意識深處靜靜發送。這道無形的防護罩天生用來保護我們的心智，不會突然受到他人理念和看法的侵擾。

然而，一旦這個氣場受到破壞，就會整個瓦解。我們的心理防禦機制一旦宣告無效，就會任憑別人的想法、欲望和命令擺布，對方可以強加意志到我們身上。

人類是否真的擁有氣場不得而知，但也許唯有透過這種方式，才能好好思考形塑我們世界觀的心理架構，也就是我所謂的「框架」。接下來你會慢慢明白，湯姆的心理框架接觸貝茲伯格的權力框架就全面崩壞時，究竟發生了什麼事。

請想像你自己手中握著一個窗框，從中觀看外頭的世界。隨著你移動窗框，大腦會根據你的聰明才智、價值觀和道德體系，嘗試解讀各種聲音和畫面，這即是你的「觀點」。

別人也會用自己的框架來看同一件事物，所見所聞可能與你不盡相同，彼此差距可能微乎其微，或是天壤之別。

框架、觀點另一個常見的名稱是「視角」。每個人體會、解讀事物的方式各異，這其實也是好事。我們在醞釀想法和價值觀時，通常會需要別人的視角。

不過，每當我們透過自己的框架理解世界，同時間也會發生其他事。我們的大腦率先處理感官接收的資訊，反應迅速地拋出一連串的問題：「危不危險？要不要幹掉它？」這就是鱷魚腦最擅長的工作：偵測框架、讓我們免於威脅、擺起架勢和挑釁，設法擋掉來勢洶洶的想法和資訊。

商場上打滾的人百百種，他們都將自身框架帶到各自的社交情境。只要有兩人在商業場合聚首溝通，他們的框架就會做好接觸的準備，但可不是要建立合作或友好的關係，而是拉開陣勢一較高下（別忘了框架源自我們的生存本能），企圖掌握全面優勢。

人人帶來自己的框架，首先就會相互碰撞——這可不是在打友誼賽，而是殊死戰。**這些框架不會結合，也無法相融，只會彼此碰撞、弱肉強食。**

之後，唯有一個框架會勝出，其他框架得臣服其下。**每場商務會議、每次業務拜訪、每回**

面對面商務溝通的外表下，都會一再重複這個過程。

你的框架一接觸到對方的框架，兩者就會衝突、交戰、爭奪主導權。若最後是你的框架勝出，就享有框架的掌控權，其他人會順勢接受並依循你的點子。倘若你的框架輸了，就要乖乖任憑客戶擺布，只能期盼他們會不會大發慈悲，點頭成交。

有鑑於此，了解如何駕馭、運用不同框架的力量，的確是我們最需要學習的課題。

框架本位的商業模式

做生意若是以框架為本位會有許多優點，其中之一就是沒什麼技術門檻、不太需要策略或口齒伶俐。事實上，你很快就會發覺，話說得愈少，結果愈有效。

市面上這麼多銷售技巧，都是針對那些框架碰撞的輸家，他們只能奮力掙扎，以次要或卑微的下位者角度來談生意。然而現實很殘酷，如此往往不會奏效，非但不能愉快談成互惠的買賣，還會落得惹毛對方的下場。

數十年來，無數書籍、講座與課程（亞馬遜網站上就有超過三萬五千筆）大力宣傳各種推銷方式，號稱能說服、影響、哄騙或嚇唬客戶快速做出購買決定。這些民間高手多年前就察覺自身提倡的方法都缺乏效率，改用大數法則（law of large numbers）來自圓其說，典型的例子就是：「運用我們教的銷售技巧，一百次業務拜訪至少能敲定兩筆交易。」簡單來說，你得拚上老命工作，比任何人都辛苦才能換來二%的成功率。有沒有搞錯，**這算哪門子的成功？**

這些銷售達人搞不清楚一個重點：當你無法主導「社交框架」（social frame），極有可能全盤皆輸。屆時你只能死命掙扎，無論採取加快語速、誘導銷售、成交試探（trial closing）等五花八門的策略，不僅無效又惱人，徒然讓客戶覺得你窘態畢露、狗急跳牆——只能挫敗收場。

這些傳授銷售技巧的達人，藉由吹捧大數法則，大肆宣揚拉長工時、加倍努力，卻無法提升競爭優勢。他們逼你費盡工夫去拉新生意，補強自己沒談成的交易，宣稱這**只是數字的遊戲**罷了。如此浪費你的生命，不覺得太過分了嗎？

框架本位的商業模式則反其道而行，強調要善用人際互動的火花，在遊戲還沒開始就搶得先機。

我們回想起每個失敗的提案，結論往往是條件不對買家胃口，或是運氣不好導致布局錯誤，再不然就是買家找到了更喜歡的目標。然而，失敗的原因其實都不大明顯，因為提案甚至還沒開始，心理框架就已決定了輸贏。

只要你掌控了框架，就已做好了達成協議的準備，也可決定你想敲定的買賣細項、訂單或計畫，不必看對方的臉色。

你認為不可能嗎？這可是我每天都在做的事，原因很簡單，我希望提供好服務給買家。要是我成天忙著拉新生意，就不可能辦得到。

與其老是四處奔波，重複數十次無趣又沒成效的業務拜訪和簡報，把自己累得不成人形，倒不如聽我的勸，學習如何取得並維持框架掌控權。你很可能會發現自己的提案中，五個有兩個可以丟垃圾桶，只需把剩下三個有趣的留下來。我這個版本的大數法則是不是比較誘人？這可是行之有年的方法，我本人也一直身體力行。

框架支配權乃致勝關鍵

我們先快速複習一下：所謂框架，就是人們用來包裝自己的影響、權威、實力、資訊和地位的工具。

一、不論有無意識到此事，每個人都在使用各自的框架。

二、每個社交場合都會讓不同的框架聚在一起。

三、框架之間無法長時間共存，而是會相互碰撞，直到某框架勝出。

四、只有一個框架能倖存下來，其餘則會紛紛瓦解、遭到吸收，全然是弱肉強食的世界。

五、勝出的框架會主導人際互動，也就是能支配其他框架。

◉警察框架：心理框架運作原理

為了讓大家更熟悉不同框架的術語，以及框架在社交情境的基本功能，接著要舉個各位一定曉得的經典案例，說明何謂占優勢的框架。

想像一下，你此刻正沿著聖塔克魯茲（Santa Cruz）北邊的加州一〇一號高速公路開車兜風。天氣舒適、風景宜人，你開上快車道，享受時速八十英里的快感，追逐遠方的夕陽。那一刻是如此地美好——直到你看見後照鏡反射的閃光，一輛警車正跟在後頭，警笛聲刺耳催逼，車頂的警示燈也不斷閃爍，這時你的鱷魚腦會立即戒備，察覺大難臨頭了。「媽的，他從哪裡冒出來的啊？我剛才開很快嗎？」這是你腦中新皮質最後產生的念頭，隨即內心會湧現恐懼感（即原始情緒），此時鱷魚腦就會掌管一切行動。你終究靠邊停了下來，開始尋找自己的駕照和行照，還從駕駛座旁的後照鏡瞄到警察逐漸走近。

從這個例子可知，框架會把特定視角和相關資訊包在一起，藉此簡化人際溝通。

你搖下了車窗；此刻，警察的框架和你的框架即將產生碰撞。

快點想想！你的框架內容會是什麼呢？「我只是順順跟著前面的車開而已。」還是「我以為這裡的速限比較高耶。」

你最後決定用「好人」框架：「警察先生，我平常開車都很守交通規則，這次能不能請您行行好，通融一下呢？」

但警察的框架幾乎無堅不摧，又有道德、社交、政治等方面的強化力量。噢，別忘了，他們還有測速儀器。

你心虛地微笑，把駕照和行照交給警察大人。他頓了一下，透過反光的墨鏡，沒好氣地皺眉瞪你，隨即開口問道：「你知道我為什麼把你攔下來嗎？」

你心裡很明白自己違規超速了。由於你缺乏更高的道德權威，因此你的框架眼看就要瓦解。這正是框架支配的關鍵。**假使你無法有效回應對方的言行，對方就獲得框架的支配權，你則會被其框架所支配**。

當然，這個例子的結果昭然若揭。警察的框架明顯占上風，碰撞之後當然輕鬆勝出。

我之所以選擇這個例子，是要讓各位了解弱勢框架只要遇到由威嚴、地位和權力構築而成的框架，往往會直接粉身碎骨。在這個例子中，警察握有一切可能的權力，包括身體、政治和道德的權力（你也心知肚明自己違法在先）。

我們先來探討上述警察的框架，以便了解究竟發生什麼事。你從後照鏡瞄到的巡邏車和閃爍的警示燈，觸發了恐懼、焦慮和順從等原始情緒的開關。你的鱷魚腦隨即進入防禦模式：胃部緊縮，呼吸和心跳加速，血液衝到臉部。鱷魚腦只要處於警戒狀態，就會產生這些生理反應。無論你想拿出何種框架、視角或方法反擊，都不是警察框架的對手。

上述例子毋寧帶來一項重要的啟示：**若你被迫要解釋自己的威信、實力、地位、影響和長處，你的框架就無法占有優勢。**單憑高度理性訴求或邏輯思維，絕對無法在框架碰撞中勝出，也不可能取得框架支配權。別忘了，那位警察開罰單前根本不必用理由說服你，也不必白費唇舌說大道理，更不必表明自己的權威，像是故意亮槍或是點出違抗警察的下場。他只要一登場，你就理應冷靜且服從，你的恐懼和焦慮，他都看在眼裡。你的鱷魚腦面對警察的框架，就會產生這些本能的反應。此刻，鱷魚腦主導了一切，反應既直覺、原始，又難以掌控。

前述案例的最後，警察開給你一張罰單，結束了短暫的路邊會面。他只會再丟下一句話：「請在這裡簽名、寫大力點，最後一聯給你留存。」

最後，也許看在你乖乖聽話的分上，他會說：「開慢點，保重。」讓你備受挫折之餘還深感羞愧。**每個社交互動都是不同框架的碰撞，永遠都是強大的框架勝出。這種衝撞是我們原始的本能，讓新皮質暫停運作，由鱷魚腦做出決策、採取行動。**

強韌的框架不受說理的影響。基於邏輯討論和事實的薄弱立論，碰到強大的框架只會彈開。

多年來，我逐漸體悟到，Pitch 要成功，端賴建構強韌框架的能力，才能抵抗他人理性的論證。強框架可以瓦解弱框架並加以吸收。那麼，有沒有一套方法，可以創造這樣的心理框架呢？當然有。

解讀框架，選對框架

每當進入談生意的場合，務必先自問：「我要對抗的是什麼框架？」答案取決於幾項因素，包括你的提案能給買家多少好處。請切記，心理框架涉及的多半是基本需求，也就是鱷魚腦的守備範圍。換句話說，強韌的框架會**觸發基本需求**。

買家的鱷魚腦其實只對某些話術有反應，因此你不需要根據個人性格，小心微調每個框架。請想像你自己是一名技師，正要伸手到工具箱拿東西，心理框架就好比橡皮槌，而非螺絲起子。

我在正式跟對方會晤前，都會先思考以下問題：屆時要面對哪些出自原始本能的態度和情緒？然後，我會簡單調整自己的心理框架。

多年來，我只仰賴四種框架，就可以應付所有的生意場合。舉例來說，假使我知道對方是凡事衝動的A型性格③，我就會準備好「權力瓦解框架」；假使對方注重分析、錙銖必較，我就會選擇「吊胃口框架」；假使對方人多勢眾、情況極不樂觀，就輪到「時間框架」與「大獎框架」出場。

隨著雙方互動氛圍的轉變，我也隨時能夠在不同框架間切換。

在大多數商業場合中，都會遇到下列三大類敵對框架：

一、權力框架（power frame）
二、時間框架（time frame）
三、分析師框架（analyst frame）

對此，你也有三大類框架可用來應對挑戰、奪得先機並掌控討論走向：

一、權力瓦解框架（power busting frame）
二、時間約束框架（time constraining frame）
三、吊胃口框架（intrigue frame）

此外，請善用第四類框架來對抗所有敵對框架（不論先前有無提及）：

四、大獎框架（prize frame）

接下來，我們將探討如何辨別敵對框架，才能迎頭痛擊，一舉中的。

權力框架

一般商務情境中，最常見的敵對框架就是「權力框架」。凡是極度自我中心的人，內心都有權力框架，其權力深植於個人地位——地位則源自他人給予的敬重和推崇。當你發覺對方的態度傲慢、興趣缺缺（給人一副「老子比你重要」的感覺）、粗魯等種種目中無人的行為，就會知道這是典型的權力框架。

具備權力框架的人（可稱呼這類人為大人物或自大狂）常常無視別人的想法，一心只想滿足自我欲望，不太懂得判斷別人的反應，也容易受刻板印象所囿。他們很可能會樂觀過頭，或

③此處非指血型，而是二十世紀中葉兩位心臟專科醫師福里曼（Meyer Friedman）與羅森曼（Ray H. Rosenman）所提出的性格分類。

未經評估就擅自冒險。

他們也最容易被權力瓦解框架給攻克，因為這招出其不意。他們以為大家都會對自己百般奉承、卑躬屈膝，笑話再冷都有人會捧場，以自己的喜怒哀樂至上。他們以為人們會屈服於他們的框架之下。這正是他們最大的弱點。他們壓根沒想過，你的框架居然會搶過主導權。你只要使出這一招，幾乎每次都能出奇制勝。

每當你靠近敵對的權力框架，首先務必要避免急著做出反應、進而落入對方的框架。兩人框架碰撞之前，你也絕對不要做出強化對方框架的舉動。

一味遵守生意場合中彰顯權力的老規矩，像是畢恭畢敬、東拉西扯、聽命行事等，只會鞏固對方老大哥的地位，讓自己淪為卑微的配角。這絕對是大忌！

初次跟對方碰面時，隨著雙方框架愈來愈靠近，你必須隨時準備好面對框架的碰撞。

一旦有了萬全準備，你的框架就會擾亂對方的框架，導致會議室內各股力量暫時達到平衡，接著你的框架就會稱霸，吸收對方的框架。

聽起來雙方好像劍拔弩張，但實際上通常進行得迅速又安靜。你的對手還沒搞清楚狀況，框架的支配權就已轉移。你習慣建立主導型的框架後，一切會變得易如反掌，屆時就能好好享受成果。

邂逅權力框架

數年前，我在一家知名的貨幣中心銀行開會。起初，會議預計進行一小時，對方也明確表示只給一小時，不多不少。明擺著在對我建構權力框架，同時給了我強大的時間壓力。

我們團隊飛到華盛頓提案，光是成本就超過兩萬美元，但一旦成功，這場會議的價值就會高達數百萬美元。

我們團隊在保全帶領下通過安全檢查，隨即搭著電梯直上十九樓，那裡是每年敲定超過一兆美元買賣的地方。當時整個團隊都難掩興奮之情，彷彿覺得我們即將攻下全美最為位高權重的金融菁英重鎮。

那裡的三十五位交易員帶動了每月數十億美元的金流，我們只要好好把握一小時，就有機會參與這場金錢遊戲。我聯絡了手上所有投資人，一共募得了六千萬美元的投資基金，打算當作談判桌上的籌碼。

我的聯絡窗口是位名叫史提夫的交易員，負責跟我們團隊會晤。我的提案對象除了他之外，還有兩位分析師。在漫長的等待後，一位衣著講究的年輕女子領我們走進一間會議室。我從沒見過這麼氣派的會議室，目測大概有半個棒球場那麼大。史提夫和同事隨後走了進來，我們彼此客套寒暄了一番。史提夫是這層樓成交量數一數二的紅牌交易員。他本來就遲到了幾分鐘，又花了十五分鐘高談闊論自己的事，寶貴的二十二分鐘就這麼沒了。等他說完後，我才遞給他資料，正式展開提案。

當時正值經濟蓬勃發展時期，史提夫已習慣在一天內談妥總值上億美元的交易；相較之下，我們的提案頂多六千萬美元，又至少要三十天才能拍板，因此他顯得興味索然。

我說著我們想購買的資產類型、願意支付多少金額後，稍作暫停，瞧了史提夫一眼。他拿著我們的提案書，隨便瀏覽了一遍，還心不在焉地拿筆描著提案書封底。

他這副漫不經心的態度，究竟有多嚴重呢？老實說，相當嚴重。然而，假使你以傳統推銷技巧的角度觀察，就會以為我的資訊或提案本身有瑕疵；但倘若你用心理框架和人際互動的角度來看，就會明白**提案本身其實沒問題**。只是對方在展示個人權力框架，雙方的框架相互衝撞後，你輸掉了，如此而已。

我腦海中先閃過一個念頭：「糟糕，怎麼會這樣？」我花了大把時間和金錢準備這場會議，卻眼睜睜地看著機會漸漸溜走。那傢伙居然還在亂畫我精心製作的提案摘要。當下，我恨不得找個地洞鑽進去，我的鱷魚腦充斥著原始的情緒，完全被框架控制住了；單純、情緒化又消極被動的鱷魚腦頻頻叫我逃離現場，我也正有此意。

當你乖乖順從權威者的老規矩，放棄制訂自己的遊戲規則，只會鞏固對方的權力框架。

我很快就恢復鎮靜，做出以下反應：

「史提夫，那本給我一下。」我邊說邊拿走他手上的提案書。

這就是反擊權力框架的舉動。

製造一個張力十足的頓點。

我若有所思地看著史提夫的塗鴉。「等一下，我終於搞懂怎麼一回事了。你也太會畫了吧。先別管提案了，這個賣給我如何？開個價吧。」

這個例子比較極端，乃是攸關鉅額利益得失的權力框架交會，風險相當高。但在日常會議中，你也可以搬演這齣戲碼，藉此把框架帶到完全不同的主題，不過當然可以不用太誇張。假使某人想握有主導權，就讓他主導某件不重要的小事，譬如上面所說的塗鴉價格。若你發覺自己落入類似的處境（相信我，早晚會發生在你身上），就隨便挑個不相干的東西，開始煞有介事地議價，結果是輸是贏都不重要。重要的是，對方框架的力量會變得微不足道，焦點回到你身上，以及你對該場會議的期待。

史提夫沒料到還有這招，我瓦解框架的舉動造成極大衝擊，完全改變了當下與剩餘時間的互動氛圍。我再度有機會把重點拉回到六千萬美元上頭，我的目的就是要投資這筆錢。而且，我也終於看到史提夫全神貫注了。

想要刺激權力框架的碰撞，不妨運用略為出人意表但不討人厭的行為，可以是倔強的態度或淡淡的幽默。這樣不僅能吸引注意力，還能提升你的地位，創造所謂的「當下明星魅力」（詳見第三章）。

掌握框架

以下範例將告訴各位如何巧妙地破壞權力框架。一旦與目標接觸之後，就要隨時找機會這麼做：

一、在小處拒絕對方。
二、展現倔強的姿態。

如何破解權力框架

在會議桌上擺著一只資料夾，上頭標示著「機密文件——約翰．史密斯」。客戶伸手想拿時，你必須緊抓著資料夾說：「不行，時候未到。等等再給你。」

若你從事文藝創作且準備了作品集，不妨故意讓對方偷瞄一下，趁他好奇察看的當下，立刻把東西蓋起來拿走，以委婉但略帶訓斥口吻說：「等我說可以看時，才能看。」

這就是先迅速吊人胃口，再斷然加以拒絕，足以大大擾亂對方的鱷魚腦。此舉不會令人討厭，也稱不上惡劣，就像在玩欲擒故縱，也能在無意間清楚讓對方知道：「老兄，這裡作主的人是我，不是你。」

掌握框架的關鍵，就是明白拒絕，清楚告知對方這個訊息：時候未到。這是我的會議，一切按照我安排的議程和時間表。

控制框架的另一項方法，就是輕描淡寫又語帶不屑地回應。

對方說：「謝謝特地跑一趟啊。我下午只抽得出十五分鐘。」

你說：「沒關係，我只有十二分鐘。」記得面帶微笑，但態度堅決。

簡單一句話，就能拆解對方的權力框架。但也很容易變成一場框架爭奪戰。我曾經光靠這招，一來一往之間，會議時間就縮短到只有兩分鐘。舉例來說，對方會說，你只有十二分鐘啊？我忘了，其實我只有十分鐘。然後我就會砍到八分鐘，以此類推。最後會發現，這類框架爭奪戰其實有助人際關係，屬於「祭出大獎」（prizing）的方法（後文會加以說明），一切就這麼簡單，還能替雙方都帶來不少樂趣。愈懂得運用框架支配權，就愈能成功達到目標。

試想，在會議剛開始時，你可以在哪些小處展現拒絕和不服從的態度，各種可能都取決於你的想像力。個人的不服從與幽默感，攸關能否掌握權力和支配框架。保持詼諧、亮出笑容，一旦話語權轉到你手上，就可以主導會議走向。這就是框架支配的基礎。隨著 Pitch 逐漸進行，你會擁有更多的權力和更高的地位。

權力轉移和框架奪取都從小處開始，但很快就會產生連鎖效應。一旦開始失去權力框架，對方立刻就會察覺到不對勁，認知能力也會高速運轉，這代表其原始本能隨之啟動。此刻他會全神貫注於當下，思忖**現在是什麼狀況？**

他可能因為你的舉動而覺得有點新奇，但你的態度又不致無禮到讓他不爽。**只要我們倔強又不失幽默，對方就會欣然接受挑戰，知道自己遇到了內行人。**此時，對方也會意識到眼前**比賽正式開始**，而且你們都會樂在其中。

比賽一旦開始，就會有自己的慣性。請盡量利用自己的權力適時進退，讓對方把注意力放在當下，這才是最重要的目的：**抓緊對方的注意力，直到提案結束為止。**

不過，也請千萬小心不要濫用手中的權力。只要擅長駕馭框架，就會成為「框架達人」，屆時就會了解主導框架不代表贏得比賽，而是贏得比賽的一項手段。沒人喜歡被人踩在腳下，因此只要你掌握了框架，務必善用這份權力，讓彼此都覺得好玩刺激。

懂得在小處拒絕與違抗，就可以大幅擾亂對方的框架，不僅可以促使人際權力結構均等，還能把所有權力轉移到你自己身上，接著就有待你善加利用。

大獎框架

還有一個常見的情況，負責決策的關鍵人物未能依約出席會議。這種時候就需要特殊的臨場反應，既能重中掌控框架的決心，也能令對方刮目相看。

假設一切都進行得很順利，你在會議互動上迅速展現強大框架，可望支配在場新客戶的框架。當你準備好開始提案，正在等「大人物」現身時，卻只見助理走進來說：「抱歉，大人物剛打來說要再一個鐘頭才到得了，叫我們先直接開始。」語畢，助理便轉身離開。

決勝的關鍵時刻到了。你瞬間失去了框架的掌控，束手無策。然而，這不代表你沒有其他選擇，其實，你面對著兩項選擇：

一、繼續進行簡報，儘管輸掉了框架，還是不放棄希望，也許大人物在會議結束前會出現。但我不建議這個選項。

二、**斷然中止一切**。運用權力、時間和大獎框架（本章會詳述）重振旗鼓，或三管齊下，立即把控制權奪回來。

你特地撥空參加會議，做了萬全準備，也懷抱著明確的目標，難道願意功虧一簣嗎？

沒人比你自己更清楚要說的故事。若把簡報交給部屬，要他們用相同的力道和說服力把資訊傳達給大人物，只是自欺欺人罷了。我要再次強調，沒人比你自己更清楚要說的故事，這位**大人物必須親耳從你口中聽到才行**。

遇到這種突發狀況時，我通常會這麼因應：

「所以，你們是要我延後開始嗎？好，我可以給你們十五分鐘處理這件事。但如果十五分鐘後還是無法開始提案，**今天就到此為止吧**。」

此刻，通常會有兩種情形。有人自告奮勇去找大人物，想方設法請他務必出席會議。但有人也許會這樣回應：「請直接開始提案吧，我們會後再跟大人物報告。」切記，千萬不能讓你的框架就這樣被吸收了，想必你心裡很想這麼說：「不行，我們沒打算按照你們的時程走，我說開始會議才能開始，我說停止才能喊停。你們最好確定應該出席的人都準時出席。然後，我們只會討論議程上有的事項，請你們專心聆聽。」

當然，這是你腦海裡的想法而已，從你嘴裡真正說出口的是：「我最多只等十五分鐘，但是時間一到就會離開。」這樣就足以傳達你的意思了。

每個人頭一回有這樣的想法、說出這樣的話，難免會不自在（應該說是很害怕），不曉得自己這樣做是否妥當。你會感到心跳加速，擔心態度強硬的後果，深怕惹毛大客戶，抑或是質疑自己的決定，覺得剛才鑄下了大錯。

接下來的發展會讓你喜出望外。會議室的人一陣忙亂，想辦法討好你、努力不讓你離開。結果立場互換，反而變成他們擔心你會不開心。

一旦你支配了框架，別人都要向你交代。

就像彼得．帕克（Peter Parker）變身蜘蛛人那樣，我們都能突然因內在的改變而獲得力量，驚豔或驚醒全場。不過當你主導局面之後，就要謹慎行事。若你二話不說起身，直接收拾東西走人，對於這位大人物和他底下的員工來說，無疑是場公關災難。所以，不妨給對方面子、等大人物十五分鐘，如此一來，表面上做足了禮貌，也能不違背你自己的框架。

要是大人物屆時仍未現身，再離開也不遲。你不必進行提案，無須留下書面資料，更不用表示歉意，因為對方浪費了你的時間。這時不用多說什麼，他們肯定心知肚明。

假使情況允許，你又很想和這家公司做生意，可以向在場位階最高的人表明你願意日後再約——但必須在你的地盤。沒錯，你主動表示可以改時間，也表示突發狀況在所難免（每人多少都有開會缺席的經驗），但下次見面時，必須換他們來找你。

這項微妙的框架建構技巧就叫作「祭出大獎」，即重新建構對方的言行，反過來變成他們要努力取悅你。

起初是你被告知大人物無法出席會議，擺明一開始就把你當小丑。不過現在立場顛倒了，**換成你叫買家來取悅你。**所謂祭出大獎，潛台詞就是：「你現在要認真贏得我的注意，大獎是我而不是你。我可以找到一千個像你這樣的買家（觀眾、投資人或客戶），但是像我這樣的人，你打著燈籠都找不到。」

這也等於是跟對方說，若他們打算從你身上獲得其他資訊，就得主動努力爭取才行。

認識大獎框架

想要鞏固大獎框架，就讓買家證明他自己夠格。「可以多介紹一下你自己嗎？我很挑合作對象喔。」這等於是由鱷魚腦丟出戰帖：為何我非得跟你談生意？

這招威力十足，毋需隻字片語就展現高人一等的地位和框架的支配權，迫使對方得努力表現熱忱，證明自己夠格。

聽起來很扯嗎？相信我，一點都不。**當你徹底翻轉社交上的權力關係，一切也會隨之改**

變。獵人變成了獵物。在前面的例子中，對方會覺得道義上有所虧欠，自認讓你受委屈了，因此自然有義務要設法彌補。

你起初走進會議室時地位卑微，只是出席眾多提案會議中的某一場。這些人早就經驗老道，懂得應付像你這樣的業務和簡報人士。但你現在攪亂了這場權力遊戲。他們會道歉、安撫、設法針對自己的失禮亡羊補牢；多數情況下，假使大人物在同一棟大樓，他們就會想辦法把他帶到你面前。

接下來，我將說明遇到「時間框架」和「分析師框架」時會發生什麼事。不過，在詳細探討這些框架之前，我想先聊聊多年來自己如何開發和運用框架，也許有助後文的鋪陳。其實，不同框架的實踐都基於我個人經驗，其中部分來自攸關大筆資金流動的商務場合。記住，只要你掌握了框架，就換別人看你臉色。以下分享某次我的個人經驗。

打一場談判勝仗：搶救畢生血汗錢

我低頭看著手機，十四通未接來電都來自同一個人：丹尼斯・華特（Dennis Walter）。不到半小時前，我才設了靜音，沒想到電話就被打爆了。我聽了其中一則語音留言，丹尼斯劈頭就說：「歐倫，我的麻煩大了。」

他口中的大麻煩是一樁形同套牢的投資，但現在得由我來幫忙收拾。丹尼斯是名酪梨農，身上老是穿著髒兮兮的連身工作服，經年累月在烈陽下工作。工作三十五年後，他存了一筆錢準備退休，但有一大部分（六十四萬美元）存在託管帳戶，由一位叫作唐納．麥克甘（Donald McGhan）的男子管理。

現在，丹尼斯想要動用這筆錢，法律上完全站得住腳，但他多次提出要求，卻都無法拿回存款。這可影響了我和丹尼斯都有份的一個買賣，價值一千八百萬美元。要是丹尼斯沒辦法匯六十四萬美元給我，我們原本打算在夏威夷購置的大型房產，可能就得拱手讓人了。因此，他的問題就是我的問題。

為了要回丹尼斯的積蓄，我必須跟麥克甘坐下來談談，拜託他把錢還給丹尼斯。我被迫要進行一場注定會失敗的遊說；雖然還不到攸關生死，但也差不多了，畢竟是一個人畢生的血汗錢啊。

我對於麥克甘的背景略知一二。他在醫療儀器的圈子十分知名，生意做得有聲有色。有趣的是，一九六〇年代，他在道康寧公司（Dow Corning）任職時，協助研發出第一代的矽膠義乳。數十年過去，他成了醫美公司 MediCor 和西南交易（Southwest Exchange）兩家企業的老闆。

有一陣子，MediCor 靠著義乳賺了不少錢。但好景不常，獲利每下愈況，麥克甘情急智生，為了避免 MediCor 倒債，開始掏空西南交易的資產。

他二〇〇四年買下西南交易後，該公司旗下託管帳戶全歸他管，總額超過一億美元。像丹尼斯這類的房地產投資散戶，都會使用西南交易的存款服務，同時尋找其他投資標的。

根據聯邦調查報告，麥克甘收購西南交易後沒多久，就從該公司轉出四千七百三十萬美元到 MediCor，其中就包括了丹尼斯的六十四萬積蓄。

如今，我坐著公司專機前往拉斯維加斯，希望幫丹尼斯討回希望渺茫的公道。

我反覆思索麥克甘這個人，揣測跟他面對面可能發生的各種情境。當時的我並不曉得眼前的問題涉及上億美元的資金，逾百名投資人深受其害，當然也不清楚麥克甘其實是個壞蛋、更是主導一場大規模龐氏騙局的罪犯。我只知道這場談判不可能相談甚歡。

我在驅車前往拉斯維加斯近郊亨德森鎮（Henderson）的路上，內心湧現一股強烈的使命感。麥克甘除了害到丹尼斯、自己理虧在先之外，那蒸發的六十四萬美元更拖累了我在夏威夷的物業買賣。

我把車停進西南交易的停車場後，頭一回見到了丹尼斯本人。他待人相當親切，十足典型農夫的樣子，看起來也真的需要我的幫忙。

我的緊張全寫在臉上。雖然我向來很享受 Pitch 的快感，但那多半是談新生意。這次卻要設法從一場幾乎注定破局的談判中要回鉅款，無疑造成心理與情緒上莫大的負擔。

為了保持冷靜，我想著框架支配權，以及付出大把時間學習駕馭的各種方法。正如前文所提，所有情境在用框架解讀之前，都沒有真正的**意義**。所謂「框架」，就是形塑我們觀看世界、理解脈絡關係的心理架構。你賦予特定情境的框架，完完全全掌控背後的意義。但賦予框架的不只你一個人，每個人隨時都想把框架強加於他人身上，框架勾勒出你對人際互動的期待。而框架相遇時最厲害的是什麼呢？兩個人互動時，只有一個框架能擔當主導大任。

兩個框架接觸時，較強的框架會吸收較弱的框架，勝出的框架不會受任何疲弱的論點和說理所影響。

我和丹尼斯先在停車場交談了幾分鐘，同時藉此調整了自己的框架。就這樣，我做好了心理準備，兩人便一起走進大樓。我鎖定了這些問題的根源：唐納·麥克甘。

當時是早上九點，我們來到一間平凡無奇的辦公室，裡頭有張黑皮革沙發，多本雜誌整齊地排列在咖啡桌上。

「早安，請問需要什麼服務呢？」櫃台人員問。

「我不需要服務，」我說，「只要告訴我唐納·麥克甘的辦公室在哪裡就好。」

她開始盡責地按照劇本走：「我幫您聯絡一下。」

這些規矩都是用來強化地位階級。不過，我是來樹立自己的地位、取得框架支配權，可不是來看櫃台人員臉色的。

我直接繞過櫃台，大步走向裡頭走廊，櫃台人員追著我跑，努力不讓我接近辦公室、不讓我要回丹尼斯的錢。我別無選擇，只好打開一間間辦公室，逢人就問老闆在哪。他們能怎麼辦，叫警察不成？我辦公室的同事也隨時待命準備聯絡當地警察和ＦＢＩ聯邦調查局。

「叫唐納．麥克甘出來！」我大聲喊。

現場有許多員工試圖要阻止我前進，但在我沒見到麥克甘並要他吐出丹尼斯的六十四萬美元之前，我絕對不會離開。

正當我闖入一間又一間辦公室之際，麥克甘已匆匆從後門溜走，完全不想跟我打照面。最後，他派了兒子吉姆出來「處理」這件事。

吉姆．麥克甘貌似四十出頭，一身亞曼尼高級西裝，渾身散發自信又高傲的氣息。他身材高大，睥睨地瞧著我。我們兩人在某間會議室坐定後，他立即想要掌控局面，脫口便說：「先聽我解釋，這一切都有合理的原因。」

這就是他的伎倆，搬出「分析師框架」，設法操弄事實、數字和邏輯。

我早就準備好更厲害的「道德權威框架」，正好剋分析師框架。

「吉姆，我不准你拿走丹尼斯的老本，」我說，「我們之前好聲好氣要過了，現在立刻把錢給還他。」

吉姆生性狡猾，從眼神就看得出來。但他曉得自己的計畫正在瓦解，卻又無意把那筆錢還給丹尼斯；那筆錢說不定會在下班前匯給麥克甘的律師，我們就再也要不回來了。他很清楚自己的手段，運用自身權勢和地位，自信滿滿地說明所謂的原因。

平心而論，我得稱讚吉姆一下：他祭出的分析師框架真是漂亮。他完全不為所動、傲慢十足，對我們的來訪滿臉疑惑。接著，他就滔滔不絕地提出一套理性、繁雜又有條有理的原因，說明為何無法立即匯錢。

這是拉開陣勢的階段。

他想操縱話術，以為可以拖延時間，讓我們空手而回。

想當然爾，我不會讓他得逞。我一進來就擺出道德權威框架：我們理直氣壯，他有錯在先。只要運用得當，此框架幾乎攻無不克。比賽開始，雙方都曉得彼此的框架。

再來就是第一次交鋒，兩個敵對框架即將開始全力碰撞。你能清楚感受焦慮的存在，通常是胃部翻攪。也正是此時，你得增強自己的決心，全心鞏固自己的框架。無論發生什麼事、承受了多龐大的人際壓力和不自在，都得保持鎮靜，穩住自我框架。這就叫作「進逼」（plowing），彷彿水牛犁田般，**不斷保持前進，不要停下腳步，也不要自我懷疑**。你即將見識到，兩個框架碰撞的當下，強大的框架絕對獲勝。

我沒讓他扯太久，直視他的雙眼、堅定說道：「我們今天一定要拿回丹尼斯的六十四萬美元，一塊錢都不能少，而且現在就要拿到。」

他開始顧左右而言他，開出一堆空頭支票，說話似真若假，運用MBA那套含糊其辭的能力。但我一眼就看穿這些垃圾話，祭出勝他一籌的道德權威框架。

我步步進逼。

「聽好了，」我說，「你的嘴巴動個沒完，但是我一個字都聽不進去。你說的話沒有任何意義。不要再東拉西扯了，開始匯錢比較實際。」他眨了眨眼，又想試圖辯解並合理化為何錢沒匯進丹尼斯的戶頭，胡謅起匯款帳號搞錯了。但再合理的解釋，都無法踰越道德權威框架。

過沒多久，我發現他臉上露出恍然大悟的表情，他終於發覺自己挑了較弱的框架。其實，他一度也搬出了道德權威框架：「好，我受夠了，馬上給我離開，否則我要報警了。」

但一切都太遲了。他先是挑了較弱的分析師框架，執著到走火入魔，因此即將付出代價。「打擊框架」的時機到了，我早準備好要粉碎他的框架。

我從口袋抽出手機，打電話給同事山姆．葛林伯（Sam Greenberg），故意用擴音跟他討論請FBI過來的細節。你們是不是覺得我演得太過頭？沒錯。但當時吉姆．麥克甘立刻明白我們態度堅定、絕不罷休。我在觸發他鱷魚腦裡的原始恐懼。一旦他感到害怕，我的框架就會壓垮他的框架，最終臣服於我的意志。

「吉姆，容我為你說明一下，」我對他說，「你看過電影裡的特種部隊吧，到時就會跟電影演得一樣。FBI探員會身穿防彈背心、持槍衝進門來，只要有人輕舉妄動都會被胡椒噴霧伺候，警犬會不斷對你狂吠，他們會用束帶把你雙手綁在背後。最後，你整個人會被五花大綁，滿臉都是胡椒，躺在沒窗戶的黑廂型車後座，難道你想落得這樣的下場嗎？其實，你還有另一個選擇——現在就開始匯錢給我們。」

吉姆瞬間服服貼貼，被治得死死的。這就是道德權威框架的威力，藉著強烈的情緒張力，我引他「上鉤」了。當我們雙方框架相撞後，我的框架吸收了他的，一切都得照我的意思來辦。任何策略遊戲都會碰到這種時刻：對方發覺無論採取什麼行動，都難逃敗北的命運。當時就是這樣的時刻。

如今，他全神貫注地聽我說話。我們在他的辦公室，屬於他的地盤，但我掌握了更高的地位。雖然錢還在他手上，但我已取得了框架支配權。

「吉姆，從現在開始，每十五分鐘你就要匯一筆錢。換句話說，你給我聽好了，每十五分鐘，我就要看到有錢進帳。取消你接下來所有行程，不准離開這間會議室，快點拿起電話籌錢吧。」

我知道他都聽進去了，便繼續說道。

「我要你把錢馬上匯到丹尼斯的戶頭，現在就要。」

即使你支配了框架，也不代表對方不會垂死掙扎。你只需要堅持既有框架，保持強硬的立場，**步步進逼即可**。不過，吉姆又開始用更多 MBA 的話術，設法拉回合理化的模式。因此，我繼續把框架擴大，加入其他人物和後果。

「吉姆，你聽好，別再辯了，」我說，「快去找親朋好友和投資人借錢吧。每過十五分鐘，你就要給我一張匯款憑單。」

這就是大勢底定的時刻。截至目前，所有步驟都按部就班，因此我不必再語帶威脅或裝腔作勢。**框架已然鞏固，一切按照我的規矩走**。由於我的框架主宰了人際互動，吉姆得依循以下守則：

守則一：凡事以丹尼斯的錢為主。

守則二：每十五分鐘就要有錢入帳。

守則三：六十四萬美元入帳前不能結束這次會面。

就這樣，我陪吉姆耗了六個小時。他一直打電話找生意夥伴或親朋好友求助，一萬美元、一萬五千美元不等，一筆筆開始入帳。

如前所述，兩個心理框架相撞時，下場就是弱肉強食。我已掌控了框架，規模由小變大，吉姆的框架已經崩解。他的心理狀態由起初的滿不在乎、目中無人，轉變成最後的慌亂心急，地位大幅下滑。他疲於應付我的框架，終於籌到丹尼斯的錢，等到我們離開時，六十四萬美元已悉數匯入，任務圓滿達成。

接下來幾天，我和丹尼斯與一些受害者及政府單位合作，西南交易公司遭到搜索。多虧了我運用框架的能力，而非透過威脅或權力恫嚇，才能及時要回丹尼斯的六十四萬美元。

那筆錢法律上固然屬於丹尼斯的財產，但麥克甘父子應該堅持不還錢才對，這對他們沒有好處。若吉姆．麥克甘真以為我會叫ＦＢＩ，就應該把錢匯給律師。他們父子八成也只湊得出這麼多錢了。

在那之前，我就曉得框架支配權的重要。但隨著丹尼斯的六十四萬美元回到我們這邊的託管帳戶，我愈來愈懂得如何運用這項技巧。

麥克甘父子總計侵占逾一億八千萬美元的資產，共有超過一百三十位投資人受害。有些人畢生積蓄就此蒸發，該案後續衍生出無數的官司。二〇〇九年，七十五歲的唐納．麥克甘因電匯詐騙被判處十年徒刑。

以上是主宰框架的絕佳例子。根據不同情境，還有許多其他框架尚待討論。接下來，我們要來認識時間框架與應對方式。

時間框架

社交情境中，涉及時間的框架通常會較晚出現，此時往往已有人取得框架支配權。別忘了，稍微觀察一下就會知道誰掌控了框架：**若你得看對方的臉色才能做出反應，他就掌控了框架；若你的一言一行都能影響對方的反應，即是你掌控了框架。**

對方通常會用時間框架來攪局，設法二度挑戰你的框架，趁混亂之際奪回主導權。只要你提高警覺，時間框架就很容易瓦解。

當你發覺聽眾注意力開始渙散，就代表快要衝撞時間框架了。你可能口若懸河了十來分鐘，會議室內的氣氛卻明顯冷了下來。你帶起的遊戲原先很好玩，但聽眾已恢復平靜，說不定還覺得無聊。人的注意力相當有限，因此推銷內容必須簡潔、扼要又有趣（這點會於第四章詳述）。

倘若聽眾之中有人提出（或做出類似的肢體語言）：「我們沒剩多少時間了，你差不多該收尾了吧。」就代表你失去了框架的主導權，因為你被迫得做出反應。

比較好的作法是，一旦發現聽眾注意力下滑，你就得好好掌控時間，開始收尾。**不論是你自己拖泥帶水，或是觀眾失去了注意力，都是軟弱、缺乏安全感和狗急跳牆的象徵。**

在第四章中，我會深入探討何謂注意力，幫助各位了解，注意力其實是極為罕見的認知現象，想要喚起注意力並加以維持，實在是難上加難。聽眾缺乏注意力時，你就要約束自己的時間，立即找理由抽身：「時間好像快到了。我差不多要結束了，還有下一場會議要趕。」若他們對你有興趣，就會有下一次會面。

弔詭的是，多數人看到聽眾面露疲態，都會犯下致命的錯誤：加快語速，設法把剩下的內容迅速帶過。到頭來，**非但不能快速傳遞更多寶貴資訊，反而容易害聽眾左耳進右耳出**。以下是因應對方時間框架的案例。你前往客戶辦公室拜訪時，往往會發生類似的情況：

客戶：「你好，我就是某某某沒錯，不過，我大概只有十分鐘的空檔，請進吧。」

業務：「實在感謝你在百忙之中還特地抽空跟我碰面。」

這是很常見的對話和商場禮節，**卻恰恰是錯誤的作法**。你只是一味地強化對方的權力、肯定對方擁有較高人際地位，平白將自己的框架拱手交出，彷彿在說：「拜託你快來粉碎我的框架，對我予取予求，我的時間都給你浪費。」

當你遇到對方採取時間框架，就要祭出大獎框架來迎擊，當場踩住對方的弱點。

你的回應：「我向來不這樣做事的。除非我們喜歡彼此和相互信任，否則沒有必要改變約好的時間。我得先知道你是不是合適的合作夥伴，可不可以信守約定，一切都照時程走？」

對方答：「有道理，當然可以，那現在就來談吧。我有三十分鐘，請進請進。」

如此便能打破對方的時間框架，告知對方你的時間寶貴，因此必須專心聽你說，而非視你為某種麻煩。

同樣常見的還有「分析師框架」，跟時間框架一樣，通常會在框架初步碰撞後出現，並且在你即將達成決策前，殺得你措手不及。面對殺傷力如此強大的框架，你必須曉得如何用「吊胃口框架」應戰。

吊胃口框架

各位想必有過類似的經驗：簡報進行到一半，忽然有人說起專業細節。這就代表你遇到分析師框架了，在工程師和金融分析師的產業尤其普遍。分析師框架會毀了你準備好的提案。

聽眾一旦開始「深入鑽研」枝微末節，代表說話者漸漸失去掌控權了。聽眾的認知「溫度」起初很高，隨著提案進行自然會逐漸降溫。但只要你塞給他們的新皮質需要思考的東西，他們就會隨之冷卻。**解決問題、運算、統計和幾何都叫作「冷認知」（cold cognitions）。**若提案過程中，你丟給聽眾的問題需要計算或思考細節，氣氛絕對會迅速降至冰點。

第四章也將提到，避免發生此事的關鍵，就是拿捏細節的多寡。然而，有時細節的鑽研在所難免，因此你得迅速採取行動。

我們必須認清一項事實：**熱認知（hot cognitions）和冷認知無法在人腦中共存。**熱認知即是欲望或興奮等感覺，冷認知則來自分析和解決問題等「冰冷」的過程。為了維持框架支配權和動力，你必須逼聽眾有空時再自己分析細節，把專業細節從簡報中抽掉。

當然，聽眾難免會針對細節發問，打從心底相信自己需要了解這些細節。這時該怎麼辦呢？請用事先擬好的摘要資料回應即可。

也就是說，正面回答問題，指出最精要的資訊即可，再把聽眾注意力拉回提案本身。

以金融案為例，我可能會這麼回答：「營業額是八千萬美元，開銷是六千兩百萬美元，淨利是一千八百萬美元。這些數字各位可以稍後核對，但我們現在先把重點放在幾個問題上：彼此合不合得來？適不適合一起做生意？這才是我來這裡討論的主因。」

要是你推銷某項產品時，對方卻不停追問詳細價格，別傻傻地被對方牽著鼻子走。可以簡略回答，不拖泥帶水、直接透露最主要的資訊，再拉回建立生意關係之上。

這等於明白告訴聽眾三件事：一、我還在考慮是否要跟你合作。二、假使我決定跟你合作，屆時所提出的數字就會證明我所言不假，現在就別操這個心了。三、我很在乎做生意的對象。

務必時時讓對方把重點擺在合作關係上，細節分析之後再說。當你遇到的對象會忽然感到無聊或追問起細節時，這是最可靠又有效的因應方式。

別忘了，只要框架在握，就掌控了討論事項，也決定了接下來的遊戲規則。

有時候，你明明什麼都做對了，卻因某種不可抗力或莫名其妙的理由，對方不再有任何反應，先前建立的個人連結好像逐漸消失。

若你發覺溝通不再是雙向，就意味著對方處於「無反應狀態」（nonreactive state），好比腦袋分心或神遊去了。好在只要及時發現並採取行動，就能挽回這種興趣缺缺的狀態。

凡是留意到對方的言詞或肢體透露出厭煩，也就是對方覺得可以預測你的想法，或猜到你要說明的東西或方式時，你就要有所警覺了。

絕大多數聰明人都很喜歡接觸新奇又好玩的事物；光是解開謎底的過程，就好比星期天的填字遊戲，本身就是一種娛樂。我們的大腦生來就是在尋找這類愉悅的刺激。

你首次跟對方說明想法時，等於啟動了他最原始的渴望。其實，對方同意會面的當下，言外之意即是「我想搞清楚你在玩什麼花樣」。

沒人開會是為了聽取本來就曉得的事。這項基本觀念正是所有提案的推手：好比賦予你一個無形的鉤子，讓你簡報時鉤住並維持對方的注意力，潛台詞就是：「我可以解決你們的問題，提出你們都不知道的妙計。」正因如此，對方才會答應會面、聽你簡報。

會議一開始，聽眾都很專心。這個時刻十分難得，但原因絕對出乎你的意料之外。聽眾之所以注意力集中，是想搞清楚一件事：「你有什麼與眾不同的點子嗎？你的解決辦法是否比別人高明？」

若聽眾發覺答案跟原先猜的差不多，腦袋就會開始放空；當然，認知到這點的當下，他們會感到一陣得意，但之後就會放空了。

這裡指的「放空」（check out），不只是注意力渙散或發呆。這種情境下的放空，是一種近**乎完全遲鈍**的狀態。你得極力避免聽眾陷入這個狀態。

Pitch 進行的過程中，隨時都會有聽眾揭開謎團、發現解方，搞懂來龍去脈，然後開始放空。因此，時間一久，主講人就會失去愈來愈多聽眾的專注力——解謎成功的人，心就會飛走。

我們很容易以偏概全：「噢，他們失去興趣了。」但真正的原因是，他們已釐清並理解我們的想法，心想繼續專心聽下去也不會有收穫，無論如何都沒必要周旋下去。

如前所述，**大腦非常節省認知能力**。**除非確定對自身有益，否則就不再維持注意力**。分析師框架可能摧毀你的話術，因為它只注重白紙黑字的資料，忽略關係和理念的價值。

擊退分析師框架最有效的方法，就是使用「吊胃口框架」。在四個框架類型之中，吊胃口框架的威力最為強大，因為它能劫持高度認知能力，喚起對方大腦中較為原始的機制。**敘事與分析型的資訊無法同時存在**，無論如何都不可能共存。人的大腦不可能一邊冷靜分析內容，一邊融入故事、深受感動。由此可知，吊胃口框架的祕密威力有多麼重要。

對方探究枝微末節時，你就要分享與自己切身相關又涉及主題的小故事。這則故事可不能當場瞎掰，應該是事先準備好的個人經驗，以便隨時能在談生意時派上用場。由於所有人的鱷魚腦都差不多，只需一則故事，就能挑起在場每個人的好奇心。

你自己必須是故事的主角，這樣才能把焦點拉回自己身上。聽眾會停下手邊的事，抬頭聆聽你分享個人經驗。

分享的過程中也要營造懸疑感，故意**只把故事說一半**，這樣才能吊聽眾的胃口。你沒猜錯，只要用親身經歷的刺激故事抓住聽眾注意力，就可以力剋分析師框架；然後你暫時不交代結局，維持聽眾對你的專注。

說故事這招比你想像得有用許多。我沒辦法提供故事讓你套用，故事必須來自你的個人經驗。不過，我倒可以提供故事應有的元素，也會分享我個人征戰時用來瓦解分析師框架的故事，讓你見識一下如何找回並維持聽眾的注意力。

吊人胃口的故事

好故事應具備以下元素：

一、簡短扼要，主題與當前的 Pitch 相關。
二、故事主角必須是你自己。
三、涉及危險和不確定因素。
四、反映時間壓力——若不採取行動，下場會很淒慘。
五、反映個人焦慮——你想行動卻因某阻力而受挫。
六、失敗後果不堪設想。

這裡的重點不是說故事本身，而是在於說故事的時機：你一發現對方採取分析師框架，你就要用這則故事來迎擊，讓對方脫離分析的思維。當然，瓦解分析師框架還有其他方法，包括運用發怒和驚嚇的技巧。但在大部分的社交情境中，這些方法並不實用。吊胃口框架較能快速收到成效。

經驗分享：波特維爾的插曲

我最近有次搭著公司專機出差，同行的還有生意合夥人和律師。當時，飛機停在距舊金山三百英里的加州小鎮波特維爾（Porterville）的機場跑道上。這個機場非常小，主要提供當地小型飛機起降，但出入舊金山的大型客機班次眾多，空中交通十分繁忙。飛機起飛後必須快速爬升，加入忙碌的空中交通網絡。

在某個提案的場合中，我說得可沒這麼平鋪直敘。當時，我在跟一群當地機場官員開會，便採取了截然不同的方法說故事。我知道在場聽眾都是飛行員、工程師和對飛機頗有研究的人，因此事先準備了這則故事，打算視情況再端出好菜。果不其然，我遇到了分析師框架的攻擊，卻能單憑這則故事就輕易地把會議拉回我的掌控之中。

當聽眾開始講究起不重要的細節，我開始說故事：

「我突然想起之前在波特維爾的插曲。前陣子，我和生意夥伴飛到波特維爾洽談兩個案子。你們也知道，那裡的機場超小，四周沒有半個塔台，完全得靠目視飛行規則（VFR）。」

「那裡多半是單引擎輕型飛機，像是賽斯納捕天者（Cessna Skyscratcher）和比奇富豪（Beechcraft Bonanzas），另外還有一些小型噴射客機。所以我們那架萊格賽六百號（Legacy

600）降落的時候，一路滑行到跑道盡頭才停下來。但是跟起飛比起來，根本就是小巫見大巫。」

「波特維爾的領空是由兩百六十英里之外的舊金山飛航管制，所以起飛的訣竅在於快速爬升到一定高度後，立刻加入空中交通網絡。我們本來就預料起飛會晃得很嚴重，所以發現飛機加速陡升的當下，還不覺得有什麼可怕的。」

「萊格賽六百號是飛機中的『肌肉車』④。引擎馬力全開的時候，你絕對感受得到。飛機在全速爬升的過程中，我們還能輕鬆閒聊著生意經，大概到了海拔九千英尺時，飛機忽然劇烈晃動，隨即向下俯衝。」

「短短幾秒鐘內，我們就下降了一千英尺。」

「我的座位正好面向前方的駕駛艙，當時艙門大開，看得到坐在裡頭的兩名機師。」

「全部人都緊抓著座椅、滿口髒話，警報器響個不停，其中一名機師大喊：『TCAS！TCAS！』但我那時根本不曉得那是指空中防撞系統。」

「我拚命想搞清楚當下的狀況，想說這下完蛋了，只有死路一條……」

「飛機高速俯衝的過程中，我望向駕駛艙，看到兩名機師都把手放在節流閥上，然後飛機忽然猛然爬升，接著我看到兩名機師在吵架，互相想把對方的手給拍掉。飛機才爬升沒多久，約莫五秒鐘吧，居然又往下俯衝。」

「言歸正傳……」

如此便馬上把主題拉回原本的簡報。為何這項策略屢試不爽？其中一項可能是聽眾沉浸在故事當中，跟著我的情緒起伏。當然，他們曉得我們最後活了下來，但我挑起了他們的好奇心——為何兩名機師要起爭執呢？他們想知道答案。但我故意暫時不破哏，讓他們心癢難耐，分析師框架也隨之瓦解。

根據我的經驗，分析師框架遇到渲染力十足、精彩又與自身相關的故事，都會立刻遭到瓦解，全場注意力又回到我身上，讓我能按照自己的議程、時間和主題完成提案。

之後，我再把剩下的故事說完：

「原來，飛機驟降是因為自動駕駛系統內建空中防撞軟體，一旦偵測到有別架飛機進入了我們的爬升範圍，電腦就會及時採取應變措施，避免兩機空中相撞。當時真是千鈞一髮，還好老天保佑，我現在才能站在這裡分享這個故事。」

---

④肌肉車（muscle car）專指配備高性能引擎的美式轎跑車。

「兩名機師之所以搶著要碰節流閥，都是因為副機師不知道電腦自動接管了飛機。年長的機師經驗豐富自然知道，因此才會把副機師的手給打掉。一切都是空中防撞系統啟動的關係。」

這個真實經驗具備所有必要元素：簡短、緊湊，又有危險和懸疑感（兩名機師究竟在幹嘛？）剛好又跟我那天對機場高層的提案相關（這點之後會加以說明）。

說不定，從宏觀角度看來，這就是為何我們喜歡說驚心動魄的故事——為了身歷其境地感受生死關頭的澎湃情緒，暗地希望自己不必走這一遭。像這樣描述一次簡單的個人經歷，對聽眾來說意義重大，因為這透露了你的個性，讓對方得以一窺你的人生。思考要說什麼故事時，務必大膽地讓故事跟你自己切身相關。只要與當前的生意有所關聯，又具備前述六大元素，就會產生很棒的效果。

凍結分析師框架

運用吊胃口框架的關鍵在於，相信它能凍結分析師框架。別忘了，採取分析師框架的人，目的是擊潰並粉碎你的提案。分析師框架會用以下方式來弱化你的生意經：

一、只看重冷冰冰的事實。
二、認為美感或創意缺乏價值。
三、一切都必須要有數字佐證。
四、認為理念和人際關係缺乏價值。

千萬別等聽眾陷入這種思維，引導他們著重於彼此正在建立的關係。只要你的故事夠精彩，就可以打破分析的框架，以生動敘事取代分析思考。

營造懸疑感，破除分析師框架

現在來回想一下電影《大白鯊》（*Jaws*）。這部一九七五年由史蒂芬．史匹柏執導的經典電影，即使過了數十年，DVD銷量依然亮眼。其故事情節吸引人的原因何在呢？電影前半部，觀眾都看不到鯊魚本尊，只知牠潛伏在海面之下，營造出恐怖懸疑之感。大白鯊究竟躲哪去了？下一次攻擊又是何時？體型到底有多大？

我們只看到有人在水中悠閒游泳，莫名就成了受害者，又是尖叫又是掙扎，整個人被拉到水下、最後消失不見，只剩血水浮在海面上。這隻水中的獵食者神出鬼沒，我們不曉得牠何時又會發動攻擊，從頭到尾張力十足，教人看得目不轉睛。

好，現在來想像另一個版本的《大白鯊》。假設鯊魚身上裝了GPS定位器，我們隨時都能掌握牠的行蹤，包括牠往哪個方向、去過哪些地方和長什麼樣子。然後等到捕獵大白鯊時，警長馬丁·布羅迪（Martin Brody）和鯊魚獵人昆特（Quint）對於捕鯊地點和鯊魚的能耐都一清二楚。

在鯊魚身上裝GPS定位器，只會大幅減少神祕感和興味。這樣說故事勢必會讓票房損失十億美元。**倘若你隨時都能掌握鯊魚的行蹤，電影就少了張力、懸疑和賣座誘因。你的故事也是一樣。**

善用驚奇和刺激的元素，等到故事進入高潮，就暫時打住、吊高聽眾胃口，最後再揭露結局。史匹柏因為這項妙招，成為史上數一數二的知名導演。我本人一樣靠著這招在商務場合無往不利，相信也能助你一臂之力。

重新認識大獎框架

大獎框架可用來對抗快速接近的敵對框架，尤其當你的地位可能因此處於劣勢之時。所謂的大獎，就是提高自己在對方眼中的價值。一旦方法用對，對方就會反過來討好你。

當你到了別人的地盤、準備開始進行提案，首要任務就是建立起大獎框架。提案接近尾聲、即將敲定交易時，成功與否端視起初框架是否搭得穩固又強韌。

試想，要是沒有強韌的框架，還有什麼可能的替代方案？有項方案就是狂打電話、咄咄逼人，更加賣力地推銷。實際上，一般企業文化特別著迷於一項觀念：推銷人員絕對不容別人拒絕。他們承受來自上級的壓力，必須不斷追著客戶跑，努力達成每筆買賣。

大家想必都聽過類似的故事：「買家不想買我的產品，但是我不放棄一直對他死纏爛打，最後他受不了就買了。」

這類故事只會加深迷思，讓人以為只要一直「盧」客戶，對方終究會買單。實際上，這招鮮少奏效，即使真的成功了，客戶也一定會後悔（即顧客的悔意〔buyer' remorse〕）。Pitch 這檔事也是一樣。若你以為只要疲勞轟炸，對方最後就會聽話，其實是本末倒置的作法。

每當我們對目標窮追不捨，或把對方看得比自己還重要的時候，等於是處於低下的地位，讓自己在談生意時位居劣勢。雖然前文已稍微提過，但我現在要進一步探討如何拉抬身價，以及運用大獎框架。

誰追著誰跑、誰才是令人垂涎的大獎，是社交動態的潛在因子之一，影響著絕大多數的會議。這個問題的答案決定了與會者的動力，以及在會議中可能會有什麼行為，基本原則就是：

一、若你努力要贏得對方的尊重、注意和金錢，對方就成了大獎。

二、若對方努力要贏得你的注意和尊重，你就是那個大獎。（這才是你想要的。）

祭出大獎指的是透過種種舉動，讓對方了解他只是商品，你才是最大獎項。只要運用得當，對方就會開始主動爭取，希望能跟你做生意。

大獎框架為何如此重要

成功運用大獎框架，有助於人際互動時保持心平氣和。這代表我們不必窮追不捨，也毋需拚命討好對方。除此之外，還有一項重要的好處：減少嘩眾取寵的心態。英美人士聊到提案（presentation）時，常常稱其為「dog and pony show」。這標籤讓人想到難堪的畫面：某人騎著一匹小馬在原地繞圈圈，只差沒穿彩虹吊帶褲和戴著小丑紅鼻子了。

你必須撕下這些標籤，擺脫負面形象。當你不必再為了錢唱獨角戲，框架就會大幅改變。

當然，人難免會落入思考的窠臼，覺得要獲得投資人與買家的認可才能談成生意，尤其是在人家地盤提案時，更容易有這種想法。大獎框架宛如一扇窗，可讓你看見不同的世界，了解自己才是那個大獎：你不必追著錢跑，而是錢必須追著你跑。這樣你就徹底翻盤了。

大獎框架為何效果奇佳

Pitch 的內容首先會進到對方的鱷魚腦。正如第一章所討論的內容，鱷魚腦基本上就是想要無視你。但倘若你能帶來足夠的刺激，像是提供新奇的資訊，便能引起鱷魚腦的關注。這樣一來，鱷魚腦就會出現下列反應的其中一種：

- 好奇心和渴望
- 恐懼和排斥

我簡單分成以上兩類，是想凸顯一項重要觀念：只要喚起好奇心和渴望，鱷魚腦就會視你為值得爭取的目標，你也就成了大獎。

我們再來看看人類的三大基本行為模式：

一、我們會追逐失去的東西。

二、我們想要得不到的東西。

三、我們只在乎難以得到的東西。

這些普世皆準的法則，適用所有社交情境嗎？我認為確實如此。現在，你應該懂我的意思了。假使你推銷的對象是陌生人，很容易會為了敲定生意而表現心急，讓人覺得不費工夫就能得到你的東西。聽眾只要點個頭，你就會替他們打理好一切——展現出為了取悅他們，你甘願赴湯蹈火。

這個方法最大的問題就是，假使一般人只在乎難以得到的東西，要得到你簡直太輕而易舉，一點挑戰性都沒有。這也意味著你糟蹋了自己的價值。

要是你提案是為了取得資金，更會衍生許許多多的問題。視金錢為大獎是很常見的錯誤，也往往是注定失敗的錯誤。金錢絕對不是最終大獎，而是一項商品與達成目標的一種手段而已。金錢只不過把經濟價值移轉至各地，方便大家彼此合作罷了。

深入探討大獎框架：避免常見錯誤

大獎框架要奏效，必須滿足特定條件。前文介紹了兩項基本原則：

一、要買家證明自己夠格。不妨拋出問題：「為什麼我要跟你做生意呢？」

二、捍衛自身地位。別讓買家更動討論議程、會議時間或與會成員。假使買家打算強行改變細節，你就退出晤談。

以下是關於大獎框架的進階知識：

一、許多人都會想仰賴「成交試探」，因為我們多少聽過別人給的銷售建議，拋出「我們大概有個共識了嗎？」或是「聽到現在，你有什麼想法呢？」等問題。**千萬不可，因為這項作法只會顯示你急著想達成交易，不但粗糙又沒成效。**

二、花點時間後退幾步、抽離當下，努力控制潛在的大獎框架——不必拚命推銷自己的理念，與其採取成交試探，不如向對方下戰帖（記得態度要保持幽默，否則只會顯得牽強）：「世上買家這麼多，但只有一個我，各位要好好爭取我的關注。」我最後故意不用問句，因為你不必得到對方的肯定，所以不必抛出問題，只要說明事實即可。你得習慣用說明來代替問題。如此便能展現你這人並不追求他人的肯定。

三、叫對方達成某項合理的任務才能敲定生意。舉例來說，BMW的特別車款M3會要求車主白紙黑字簽約保證一定會維持車子清潔、定期保養特殊的烤漆等，不簽約的人再有錢也買不到。

四、這點聽起來可能很像正向勵志小語，但這是學習過程中重要的一環：改變你對錢的態度。若想完全發揮大獎框架的效用，就是改變自己對金錢的態度，充分理解在敲定交易前，金錢對任何買家和投資人都毫無用處。當然，投資人的錢可在國庫券或公司債券上賺點蠅頭小利，但這不是最佳投資方式，應該要用於敲定買賣、購買產品。這在現實世界又是怎麼運作的呢？聽起來可能有點抽象，但充分掌握一個原則，你就會覺得比較踏實：錢沒有你萬萬不行，錢需要**你的存在**。

你在統整大獎框架的重要觀念時，起初可能會覺得自己好像力圖逆流而上卻徒勞無功的小魚。這種反應再自然不過，但不必擔心，拉抬身價不代表放棄爭取買家，請捨棄這種荒唐的觀念。大獎框架的核心在於，揚棄一九八〇年代銷售天王「成交至上」（Always Be Closing）的

ABC原則，轉而認清金錢只是商品、到處都有，無論來自哪裡都一樣。你應該擁抱的是「隨時走人」（Always Be Leaving）的ABL原則，如此一來，也很有可能同時擁抱了資金。

金錢是商品，任何投資銀行家和經濟學家都會同意這點。想像一下，投資人其實也是商品，形同一台台金錢販賣機。這其實不無道理，畢竟財源到處都是，但只有一個你，你提出的這筆生意獨一無二。若你能這樣看待自己和提案，以此為核心建構框架，就會驚喜地發覺，自己在跟投資人開會時，彼此互動關係也隨之改變。

若你想以簡單又低風險的方式實驗看看，不妨參考以下這句話，我經常用它來鞏固大獎框架：「很高興我終於有時間跟各位碰面了，不過這場會議結束後，我緊接還有下一場會議，話不多說，開始進入正題吧。」這個開場白十分漂亮，清楚讓聽眾知道買家很多，但你這樣的賣家絕無僅有。

當你開始進行推銷，就要找機會鞏固已握有的其他框架，譬如適時提到自己時間不多，以強化時間框架和大獎框架。假如對方提出了問題，雖與主題相關卻偏重細節，就運用權力框架四兩撥千斤，先說完你準備好的內容，把細節討論留到後頭。

別忘了，要懂得在小處拒絕和展現倔強態度，適時添加幽默，就能有效維持框架支配權，還能加強既有的地位優勢。再次強調，幽默是不可或缺的元素，若是忽略了幽默，對方的反應絕對出乎你的意料。

CHAPTER 3

人際地位

Status

就框架支配權而言，人際地位扮演了至關重要的角色。別人對你的看法，影響了你能否建立主導全場的框架，以及在你的框架勝出後，能否繼續擁有支配的力量。但多數人身處商務場合或社交情境中，都對人際地位有錯誤的認知。光是待人有禮、遵守既有商場規矩、會議前親切地閒聊，並無法讓你贏得優勢的人際地位。這些行為頂多讓人覺得你很「和善」，非但無助提升人際地位，反而還會拉低地位。

另一項常見錯誤是低估了人際地位的價值。許多人常把地位視為領袖魅力或自我中心，其實根本南轅北轍。很多人也誤以為努力提升自己的人際價值非常愚蠢，覺得是嘩眾取寵的行為。這些觀念都與事實大相逕庭。

除非你是政商名流、企業鉅子或剛談妥公司史上最大筆生意，否則在大部分「真實」情況下，當你初來乍到全新的商務場合，勢必位居低下的人際地位。愈是拚命融入當前的場合，在別人眼中的價值也就愈低。

然而，真正融入群眾、取得優勢地位的確非常重要。每個社交互動都受到「長幼順序」的影響，分成發號施令的A咖（alpha），以及唯命是從的B咖（beta）。你走進會議室推銷的當下，就充分反映了內在「社會動物」的樣貌。初次見面的時刻，誰是A咖、誰是B咖都還是未定之天。雙方當然不會真有肢體上的爭奪，而是快速、甚至是瞬間評估出彼此的人際地位高低。判斷誰是在場的A咖時，沒人會花時間估算誰的身價最高、資產最多或人氣最高，而是下意識辨認出彼此的地位。

換言之，為了自保，我們必須**在數秒內判斷出在場誰是A咖**。假使結果是對方是A咖、我們是B咖，接下來的問題就更為重要：我們也得在極短的時間內找出人際互動模式，**研判有無可能扭轉劣勢、站上A咖的位置？**

在一般人眼中，人際地位的高下立判，改變這層觀感絕非易事，卻又至關重要，因為你的人際地位奠定了推銷的基礎。

假使你一開始的人際地位低，說服他人的能力就會大打折扣，無論理念或產品多棒，提案過程都會阻礙重重。然而，倘若你的人際地位夠高，就算維持的時間不長，說服他人的力量也會提升，提案自然會順利許多。

在此想告訴各位一個重點（早已親身實證也向人示範過）：藉由建立「情境地位」，就能改變別人對你的看法。待會就來看看，在某個大家多少都經歷過的社交場合中，情境地位會產生什麼效果。

社交框架操控達人：法國侍者

法國侍者在世界各地都備受敬重，因為他們善於主導社交互動，在他們的世界之中，一切由他們作主，他們可以隨心所欲地建構框架、掌控時間，也能決定輕重緩急。客人原本的地位完全灰飛煙滅，而是由法國侍者任意加以重整分配、主導整個互動的框架。必須等到結完帳、留下小費、被送出大門後，控制權才重新回到客人手上。

數年前，我在巴黎一條熙來攘往的大道上親眼見證這些侍者施展神奇的框架魔法。我走進聖日耳曼大道的利普餐酒館（Brasserie Lipp），服務我的侍者名叫貝努瓦。貝努瓦起初只是擦桌子和洗碗盤的打雜小弟，後來慢慢往上爬，當上了餐館領班；二戰前後，他的父親也曾在這家左岸知名餐館工作。貝努瓦對於該餐館的歷史瞭若指掌，無所不知。

貝努瓦可以告訴你，一九二〇年代，海明威通常坐在哪張桌子寫作。遇到他心情好（也覺得你小費應該會給得很大方）之時，說不定還會讓你坐在同一張桌子過過癮。

關於餐館菜色，貝努瓦更是如數家珍，每道佳餚、每樣食材、每種烹調手法，他都一清二楚。不過，你若直接指著菜單問他，可能會惹得他不快，最好還是請他推薦料理。酒單也一樣，再說酒款可是列得比菜色還多。這是他的工作，凡是餐酒館裡的大小事，問他這位專家準沒錯。

當時，我事前邀了群朋友一起到利普餐酒館吃晚餐。身為東道主，我自恃有著較高的人際地位，畢竟我可是買單的顧客，也是付大筆小費的人。我要餐館經理和侍者都曉得我的地位、提供最好的服務。但經理老練地瞧了我一眼，彷彿在說：「你這種人我見多了，你們都一個樣。」

當時，餐酒館人開始多了起來，但幸好還沒客滿，我們不必候位太久。餐館經理低頭看著手上的訂位單，語氣平板：「先生，我們在幫您整理座位，請在這裡稍候幾分鐘。」語畢，他卻在原地動也不動，低頭在座位表上匆匆寫了幾個字，接下來就對我不理不睬。

十五分鐘過去了。我眼睜睜看著好位置逐漸坐滿，心急地瞧了經理一眼，他卻僅僅舉起食指，表示再等一會就好。我走回朋友身旁，頻頻強調我有多會挑餐廳、菜色有多令人驚豔。

「我跟你們保證，這家絕對值得排隊。」我跟他們說。

最後，我們真的等得夠久了，經理這才走過來說：「各位女士先生，你們的桌子整理好了。」他張開手掌、伸直手臂，引領我們前往。

他帶我們入座、遞來菜單後，表示貝努瓦隨後就會來幫我們點餐。某位見習生端來水和麵包，微笑致意後就離開了。

又過了十五分鐘，貝努瓦終於出現了。他先是不屑地瞥了我一眼，然後問道：「你們知道要點什麼酒了嗎？」同時看著我左手旁的手工皮製酒單。上頭的酒款我認得的並不多，只好善盡東道主的角色，幫大家點了瓶昂貴的酒。

貝努瓦表現的機會來了，此時他既能在小處展現倔強，也能從我身上奪走優勢人際地位。權力轉移的當下，你幾乎聽得到一聲清脆的聲響，好比按下開關那樣自然。

「嗯，先生，我覺得這支酒不太適合你們。」貝努瓦露出不以為然的表情，拿走了我手上的酒單。

他翻了翻酒單，停頓了一下。我尷尬得滿臉漲紅。他說：「雖然我們的酒窖裡珍藏的全是上等好酒，但你挑的酒必須搭配今天晚餐才行。」他掃視我們這桌，跟我朋友四目相接，故意忽略我的存在。

他向我朋友推薦了各式菜色，幾分鐘後才過來搭理我。他翻開其中一頁，用食指指著一支他心目中的酒款，比我原先選的那支便宜了些。因此，我只好點頭同意。

「先生，您真有品味。」他向大家說道，佯裝是我品酒眼光獨到，所以挑了一支好酒。我簡直成了笑柄，同行友人都哈哈大笑。

貝努瓦瞥了我一眼，彷彿在說：「這桌由我作主！」

酒來了，貝努瓦開始經典的品酒儀式：開瓶、試味和醒酒，每個步驟都精準不已、堅持傳統又尊重自身專業。友人看得目瞪口呆。直到確定酒的品質符合他那嚴格的標準後，才讓我這位東道主嘗第一口。

此刻我只想挽回顏面，就算他給我喝酸臭的醋，我也會說超級美味。我不確定自己到底是在生貝努瓦的氣，還是因為被當成傻瓜而哭笑不得。貝努瓦成功地掌握了「當下明星魅力」（local star power）。他的魅力風靡整桌友人，完全掌握了我原有的社交權力，還自行加以重新分配，進而鞏固他對客人的影響力。

貝努瓦輕而易舉取得框架支配權與主導地位，這場精彩好戲我都看在眼裡：在小處展現倔強，奪取社交地位並重新分配，挖苦得我只能位居B咖。我彷彿上了一堂框架支配權大師課。

侍者逐一替賓客倒酒時，一位女性友人聞了聞酒，然後問道：「這支是波爾多的酒嗎？」貝努瓦抬頭挺胸，一手擺在她的肩上說：「這位女士真懂法國葡萄酒。這支酒來自波爾多一個小產區，很多人都誤以為是朗多克的酒。您的味蕾一定非常敏銳。」這番話聽得她都要融化了，雙眼閃爍著感動的光芒。整桌人都面帶微笑，唯有我又被冷落在一旁。

我們先來重新檢視一下，貝努瓦這位老練的社交框架操控大師，究竟祭出了哪些招數。首先，他運用簡單、看似天真又溫和的舉動，散發出當下明星魅力，然後故意把我晾在一旁，藉此把我孤立起來。

如前所述，鱷魚腦是渴望接納和歸屬感的器官，沒人喜歡被當成局外人，尤其如果你還得招待客人，更會覺得尷尬不已。

再來，貝努瓦否決我的選擇後，馬上運用他優越的專業知識，讓我恨不得找洞鑽進去。接著，明明是他自己挖坑給我跳，卻能佯裝成快速彌補了我犯的「錯誤」。

他知道在確認客人的餐點之前，根本不可能決定葡萄酒，卻又要我先看酒單，所以無論我點哪支酒都不搭。還真是多謝你了，貝努瓦！

他公然指出我選錯酒後，旋即調查其他友人想吃的餐點，以便做出正確的決定。他挑了支適合的餐酒，品質優於我原本所選，價位卻較為低廉，再把選酒的功勞推給我。這招堪稱神來一筆，更加鞏固了兩分鐘前他從我手中取得的社交權力。

他的下一步，就是拉攏我的女性友人，藉此強化自身立場，讓我根本無法加以反駁，因為這無異於攻擊自己朋友。

貝努瓦就是在等有人對酒發表評論（評論的人是誰、內容是什麼都不重要），再大大稱讚對方，把部分社交權力移轉給那人。只要一個人進入框架，其他人就會跟進，因而擄獲整桌人的心，就這麼簡單！

主題再拉回晚餐本身。一如所料，主菜非常美味，貝努瓦建議再開一瓶酒，以略微不同的風味，表現接下來餐點的味道。貝努瓦出現得更加頻繁，蒐集同桌每位客人的資訊、提出建議，努力維持當前的優越地位。友人紛紛表示，這是他們人生中數一數二的用餐體驗。我也對他們能賞光表達感謝，同時向貝努瓦點頭致意。起初，我真想呼這傢伙一巴掌，現在卻慢慢喜歡上他了。

大夥逐漸酒足飯飽後，貝努瓦忽然不見人影。直覺告訴我事情沒這麼簡單，但會是什麼呢？十分鐘過去了，貝努瓦人呢？我知道事有蹊蹺。

果不其然，貝努瓦跑去挑甜點了。不久後，一台銀閃閃的餐車推到我們桌前，後頭跟著另一台擺著白蘭地和雪茄的餐車，最後則是一台咖啡餐車——侍者將新鮮研磨的咖啡粉，裝在一個個法式濾壓壺中。

「各位女士先生，這是今晚的甜點，我擅自作主替各位準備特製的甜點。」貝努瓦說道。這番話背後真正的意思是：「別管今天請客的主人了，一切都由我代勞即可。」

「這道叫作蘭姆巴巴，」他繼續說，「是本餐館最有名的甜點，海綿蛋糕體清爽美味，搭配鮮奶油、蘭姆酒和些許糖粒。請慢慢享用。」

全桌的人鼓掌讚歎，貝努瓦隨即俐落地切起蛋糕。到了這個節骨眼，我已經完全被貝努瓦給征服，心想就隨他去吧。我揚起微笑，整個人放鬆起來，決定要給貝努瓦他這輩子見過最多的小費。話說回來，我那時唯一能掌控的權力，大概也只剩小費金額了。

同行友人都開心不已。喝過咖啡和白蘭地後，晚餐也就劃下句點，貝努瓦漸漸把一些掌控權還給我。想也知道，因為差不多要買單了，金額想必會給新皮質很大的刺激。

「很高興今晚能為各位服務。」貝努瓦感性地說，同時敏捷地把一只銀色小盤擺到我左臂旁，裡頭放了一小張正面朝下的帳單，上面壓著鳶尾花造型的銀色小紙鎮。這麼迷你的一張紙，想必不可能塞下明細，只會印著一個金額。趁著友人熱情跟貝努瓦擁抱和握手言謝之際，我稍稍摺起一角，像是打撲克牌般不帶任何表情，迅速瞄了一眼帳單金額。費用沒想像中來得高。

憑著貝努瓦當晚精彩的表現，以及風靡全桌的魅力，我原本以為他會占我便宜。他明明有能力狠敲我竹槓，從頭到尾支配著人際框架，最後卻這麼節制，沒有自我耽溺。現在換我心情大好，本來要給的高額小費立刻又往上加碼。

A咖與B咖

無論你爭辯能力有多強、論點鋪陳得多縝密、節奏和邏輯有多流暢，假使人際地位不高，就無法讓人專心聽你推銷的內容。你既無法說服對方，也很難談成生意。

如今你已逐漸了解，推銷任何點子或生意，都得玩一場複雜又棘手的地位爭奪賽。在我聊聊如何贏得（和輸掉）比賽前，應該先來說說當上「A咖」的好處。A咖享有社交場合最多的關注，就算他自己沒要求也一樣；但當他**真的**要引人注意時，馬上就能攫獲群體的目光。他說的任何一句話，都成了公認的事實，沒人會加以質疑。許多證據顯示，群體中的A咖往往得到絕對的信任和服從。為了證明這點，研究人員曾進行多次實驗：男子打扮成西裝筆挺、象徵高社會地位的商務人士，故意違規穿越馬路，往往會有地位較低的路人仿效；然而，一旦換成穿著低俗的人，就不會有路人跟在後頭。

假使你以高地位進入社交場合，不但你自己**感受得到**，在場其他人也感受得到。可別低估了人際地位的重要性與價值，這左右著你的提案成功與否。

四十多年來，許多銷售話術教練只會傳授不同技巧和方法，幫助那些「處於劣勢」的銷售業務（意思就是「低人際地位」）取得會面機會、建立暫時的關係（即所謂的「營造融洽氣氛」〔build rapport〕，但這對人際地位沒有半點助益）、以薄弱的情感包裝交易，只有偶爾運氣好或死纏爛打時，才能簽定買賣。

一九七〇至八〇年代，這些技巧的確有用，但也只適合不屈不撓、積極進取的A型性格。儘管如此，這些強調銷售技巧的專家，持續在各地培訓著數百萬名有志提升銷售能力的業務。時至今日，隨便一位業務主管，對於營造融洽氣氛、主打特色與優點、處理異議、成交試探等銷售名詞都不陌生。

結果就是，經過一代代著重銷售過程的商務訓練，客戶也懂得這些遊戲規則了。**只要用上這些策略，客戶都早有心理準備**。無論你技巧多出色，他們早就司空見慣並建立起強大防禦機制來抗拒你使出的話術。這些防禦機制稱作「B咖陷阱」（beta trap），意即你無時無刻都被困在低於客戶（或買家）的地位，從頭到尾都被吃得死死的。

掌握優勢的人際地位是不二法門。幸好，就算你不是名人或億萬富翁，依然可以享有很高的人際地位。你可以運用許多方法，立即達成目標，進而獲得並維持任何聽眾或客戶的注意力。

提升人際地位的第一步，就是學會避開B咖陷阱。

B咖陷阱

社交互動和商務場合也適用叢林法則：群體中位居A咖的角色，比屈居次要地位的成員更容易取得成果。凡事都由A咖作主、發號施令，不費工夫就能獲得想要的東西。對A咖而言，無論在情感或經濟層面，都必須在群體中保持最高的地位。

A咖的階級令人垂涎，因此得想方設法維護地位。由於地位會一直受到威脅，A咖得在員工或同事面前展現威嚴，像是叫下屬跑腿、買咖啡、處理無聊或他們看不上眼的雜事。這些耍大牌、維護地位的行為還算不錯了，許多A咖的行為更加差勁。

為了避免人際地位更高的訪客帶來威脅，他們會樹立起層層社交難關，設法排除或貶抑其他群體的A咖。

B咖陷阱是不易察覺但十分有效的社交慣例，把你困在劣勢的人際地位，低於你所拜訪的決策高層，直到會議結束才能脫身。許多企業內部都圍繞著護城河般的陷阱，讓你落入B咖陷阱，而且一眼就能辨別出來，包括接待櫃台、大廳、會議室、辦公室裡頭或附近的公共會面空間等。

你最先會遇到的陷阱就是大廳。一般人都認為大廳是用來歡迎來賓的地方，其實它真正的功能是要貶抑來客的人際地位，從抵達到離開為止。

這類把戲你一定不陌生。想想看，以下描述的場景，你經歷過幾次呢？

你走進辦公大廳，即將與對方會面，首先往櫃台走去。櫃台人員抬頭說：「您好，請問有什麼事嗎？」隨即不等你回答，就先接了通電話。你站在原地等候，從櫃台小托盤上抽了張名片。櫃台人員轉接了一通電話，然後轉頭對你說：「請問有什麼事嗎？」

你說：「請問比爾．瓊斯先生在嗎？我跟他約兩點開會。我們先前應該通過電話，妳也確認過了……」

櫃台人員並沒正眼看你，只說：「麻煩簽一下訪客名冊，這是您的訪客證，請您隨身攜帶。請先在旁邊稍坐，比爾的助理待會就會來接您。」語畢，她轉頭回起簡訊。你在大廳找張椅子坐了下來，桌上擺滿了有折角的商業雜誌，以及一星期內的報紙，顯然先前也有不少像你這樣的人坐這裡。

我來替你翻譯以上的象徵意義：乖乖扮演好你銷售業務的角色，叫你做什麼照做就對了，我們就會賞你一瓶水、簡單的導覽，敷衍承諾之後會「研究一下書面資料」。當你遵守著辦公室權力遊戲的規則，等於自願扮演B咖的角色。

下午兩點十分，一位年輕助理走過來對你說：「您好，不好意思，比爾會晚一點到，應該不會晚於十分鐘。那邊有開水和咖啡可以喝，請別客氣。」一眨眼的工夫，就不見助理的人影了。

對方姍姍來遲，虛假地表達歉意，直說行程有多緊湊，只抽得出幾分鐘空檔，而且到現在都沒機會先讀資料。如今，掌管決策的「大人物」又不克出席，真是不巧。**此刻，你已陷入了B咖陷阱，完完全全居於劣勢，乾脆認栽回家算了。**

這樣談生意實在太教人洩氣了。然而，數百萬人都是這樣進行商務會議，由於行為和結果太容易預期又成效不彰，根本是浪費時間罷了。

另一個常見的B咖陷阱出現在會議室。若你一走進去發覺沒半個人，通常都得獨自乾等幾分鐘直到對方出現。而他們終於出現時，往往興致高昂，馬上輕鬆地聊了起來，臉上堆滿笑容、逐一跟你握手問好。他們之所以這麼高興，是因為可以暫時從日常工作抽身，前來大會議室看今天的小丑——也就是你。一旦走進馬戲團帳篷、坐到前排座位，任誰都會興奮不已，他們曉得好戲即將開始，只期待能好好放鬆、享受表演。

正當你等著遲遲未現身的人，也就是你真正想見的決策高層，眾人的閒聊早已把你冷落在一旁，彷彿你不在現場一樣，這種舉動不但令人火冒三丈，也極不尊重。在這種情況下，你不過是國王宮廷裡的弄臣，價值完全取決於娛樂效果高低，沒有半點地位可言。

接著來談談客戶有時用來開會的公共空間。他們可能會說：「我們邊喝咖啡邊聊吧。」隨即帶你去員工餐廳或附近的咖啡廳，你們在排隊時閒話家常，還因為搶著付錢而小小尷尬，最後就近坐了下來，周圍有十來個陌生人，這種場合實在不適合談生意。

你的人際地位化為烏有，徹底被牽著鼻子走，如今僅是對方排遣工作煩悶的娛樂片段。但你依然堅持下去，既相信自己也相信提案。你隨即按計畫開始推銷，當一切看似進展順利之時，忽然有人走到客戶面前，開始跟他說話，儼然把你當作空氣。「嘿，吉姆，最近過得如何？」那人跟你的客戶握手攀談，完全不把你當一回事：「收到我先前寄的那封電子郵件了嗎？達拉斯那邊出貨延期囉。」他們繼續交談了好一會兒，你只能在旁乾瞪眼。

終於，不速之客離開去煩其他人了。客戶這才轉頭看你，一臉茫然、眼神空洞，腦袋沒在運轉，最後開口問道：「剛才我們聊到哪裡？」

還需要我再說下去嗎？

上述互動中，出現許多框架碰撞的場面，但你從頭到尾都一敗塗地，完全無法掌控局面。

一般而言，公共空間是最致命的B咖陷阱，應該盡量加以避免。對於至關重要的推銷或提案，除非萬不得已，否則地點千萬不要選在咖啡廳。再來，我要介紹同樣常見的陷阱：商展和大會。

若你在商展擺過攤，就能理解對客戶進行推銷時，最糟的場地莫過於窄小的攤位，或直接約在大會會場。讓人分心的事物實在太多，就算是框架支配達人，頂多也只能抓住聽眾幾分鐘的注意力，過程中還會一直被噪音、廣播干擾，不然就是有提著大包小包的與會者，沿路搜刮各攤位的贈品，丟到自己色彩繽紛的袋子裡。

假使你推銷的對象會出席會議，請租用迎賓套房或飯店商務空間、商借別人辦公室的會議室，哪裡都好，就是不要直接在大會會場進行。

在商展上顧攤位的人，根本可以舉著霓紅燈牌子，上頭寫著：「我需要大家的關懷！」宛如寵物店籠中小狗，或深夜購物頻道主持人，千方百計要吸引人潮到幾平方英尺的狹窄空間，希望用話術來贏得眾人青睞。那副光景，光想就覺得可悲。

一窺終極版B咖陷阱

在阿肯色州本頓維爾鎮（Bentonville），可以見證何謂B咖陷阱的極致，堪稱「超級框架對撞機」。

全球最會設計、建構和埋藏B咖陷阱的龍頭，當屬零售業巨擘沃爾瑪（Walmart）。在沃爾瑪位於本頓維爾的總部，有著全球最高效率的推銷打壓機制。無論你有什麼提案、買賣多麼划算，想跟沃爾瑪做生意，就得乖乖照他們的遊戲規則，一切都以低價為名，故意讓你疲於應付、消弭你原本的地位。

覺得我言過其實嗎？

請你務必親自去本頓維爾鎮西南八街七〇二號。走進大廳後，你會看到兩邊都有一個氣派的接待櫃台，右前方是迎賓區，裡面擺了學校課堂上的連桌椅，讓訪客稍坐填寫表格。大廳周圍有一台台垃圾食物販賣機，讓需要的人能快速補充能量，好面對接下來要遭遇的挫折。

兩個接待櫃台之間是閃亮亮的藍色通道，印著大大的沃爾瑪商標，往前走是另一個長廊，兩旁是許多長八英尺、寬六英尺的小會議室。這些會議室都長得一樣，一扇門、一扇窗、一張小桌和四把小塑膠椅。沃爾瑪的買家都在裡頭跟賣家會談。

我們來看看沃爾瑪的接待流程。首先，你得簽訪客名冊、拿到訪客證，然後在大廳等候。接著，有人帶你到迎賓室，你可以逛逛販賣機，買些糖果零食和沃爾瑪自家的氣泡飲料。你前來拜訪的對象，這時會接到你在大廳等待的消息。然後，客戶終於準備好碰面，你接獲通知回到接待櫃台，再走回對方指定的會議室，助理會請你稍候片刻。你被帶到指定會議室的路上，透過一個個小玻璃窗，可清楚看到其他推銷業務。抵達會議室後，助理會請你不要亂跑。最後，會議室門就關上了。

好不容易，沃爾瑪派一兩位代表來了，會議即將開始。這類會議都相當簡短，著重於價格、數量、物流、是否具備跟沃爾瑪合作的財力，最後又回來討論價格。價格通常是能壓多低就壓多低，物流和產品支援的責任卻一再提高，直到你難以談判下去。此刻，沃爾瑪就會做出決定（買或不買），繼續討論下一項產品。

會議的框架全程受到嚴密管控，再怎麼好用的銷售策略都難以奏效。沃爾瑪把一切都視為商品，每項商品都透過此方法購得。沃爾瑪運用自身規模、幅度、買貨人的主導心理，打造了自由企業史上最強大的框架對撞機。

這是B咖陷阱的極端案例，讓你根本無力談好生意。老派的銷售技巧固然有幫助，但你處於劣勢，無法支配框架，只能看買方臉色。

為了挽救這樣的窘境，你需要極大的自信和信念，才能展現強大說服力、成功達到目標。你被迫要努力嚇唬、操縱或哄騙對方就範。這就是為何傳統銷售方法為了促使成交，而將重點擺在施壓。

我們多數人都沒有必要的耐力和膽量（至少我自己就沒有）。若是打一百通電話，只為了贏得一兩張訂單，心理壓力未免也太大了。

當你被困在B咖的角色，僅剩的武器就是操弄情緒。也許暫時會奏效，說不定也能談成交易。但成功與否全憑運氣，加上對方並非真心想跟你做生意，所以也無法令人獲得成就感。對方只是不想讓你白跑一趟，但事後往往又後悔不已（即顧客的悔意）。

要創造商機其實有更好、更自然的方法：只需要提升自己的人際價值。而且，這其實比你想像中來得容易。

角色互換，地位改變：心臟外科醫師與高爾夫球教練

大多數高爾夫球教練（golf pro）的謀生方法是教人打球、經營俱樂部或球場、販賣球具，並不是去當菲爾．米克森（Phil Mickelson）等職業選手的桿弟。美國所謂的高球教練，指的是經驗豐富的高球選手，專門指導其他選手贏得比賽。這份工作非常有趣，是許多人夢想中的職業，因為可以在戶外工作、教人打球又能賺錢。但是缺點就在於薪水普通。一般來說，高球教練固有的社交地位並不高，每當被問及職業，總是比不上「我是ＣＥＯ」、「我是醫生」、「我是教授」等回答，「我是高球教練」背後的含義其實是：「我的工作有一搭沒一搭的」，聽起來就不太稱頭。

那我們要如何看待此事呢？高球教練的腦袋、社交和名望等方面，真的就比不上心臟外科醫師嗎？

當然不是如此。唯一的差別就是，高球教練在社交金字塔的位階比較低。社交位階是自己

與別人的相對價值，取決於一個人的財富、整體人氣和該位階握有的權力。這不是我發明的心法，而是我們打量彼此的方法。高球教練不像心臟外科醫師賺那麼多錢，人際地位自然更低。

但真是如此嗎？外科醫師找高球教練上課時，彼此的地位就會跟著變動，此時「情境地位」會取而代之。在高爾夫球場上，外科醫師擁有的財富、權力和人氣都不重要，這不是他熟悉的地盤，社會價值也會立即出現大幅改變。外科醫師一旦踏入高球教練的領域，他的地位立刻暴跌、高球教練的地位驟升；這項社交位階的改變，會維持到醫師離開教練的地盤為止。

高球教練的情境地位瞬間升高（遠高於先前外科醫師在停車時的地位）。此時，由他對外科醫師發號施令，包括該做什麼事、時機為何和執行方法。假使外科醫師不願遵守，高球教練就會加以斥責。不過是換個地盤，雙方的角色就互換了。**正是這樣的角色互換，我們才能見證情境地位的驚人力量**。

請試想，社會價值是會流動的，隨著你身處（或打造的）環境有所改變。**若你想提升自己在特定情境中的社會價值，可以把對方引導至你能呼風喚雨的領域**，而且這遠比你想像的還要簡單。

我們在社交金字塔的位階絕非一成不變。儘管固有的社會地位可能不會改變，我們依然可以搬出情境地位，視需要暫時提升自身價值。當我們暫時握有更高權力時，就算沒有財力或政治影響力，也能有效率地把事情辦好。

這就是在打造「當下明星魅力」，也是無比重要的觀念。只要擁有當下明星魅力，你就能成功地說服陌生聽眾；因此，能否創造並維持當下明星魅力，往往是推銷成敗的關鍵。

我們留給別人的第一印象，取決於對方對我們社會價值的判斷。對方的大腦受生存機制影響，首要任務是了解你在社會結構的位置，而且單憑三項指標就會匆匆做出決定：財力、權勢和人氣。在心裡快速評估過後，對方就會把你擺在特定的社交位階，框架也就此固定下來。這個過程說不定我們自己也沒意識到，譬如看到西裝筆挺的男士穿越馬路就有樣學樣，不代表認真思考過對方的地位，或認為對方這樣過馬路一定安全，而是腦袋自動計算出那人的社會地位，順勢做出仿效的行為。

提升人際地位

與客戶初次碰面時，首先要建立當下明星魅力。假如會面地點是在你的地盤，像前文說的高球教練或法國侍者，就要善用你那行的專業知識，迅速取得優勢的人際地位。

假如會面地點是客戶的地盤，像是他的辦公室或外面，你得設法抑制對方的優勢地位，暫時奪取他的明星魅力，再把地位重新分配給與你同陣線的與會者。

我先前已舉了兩個例子說明情境地位，以及如何掌握當下明星魅力。現在，我們就來探討，當對方的權力框架來勢洶洶時，你該如何提升自己的人際地位。

從B咖變A咖：與對沖基金經理交手實錄

兩年前，在共同朋友丹恩的牽線下，我跟一位對沖基金經理比爾．加爾（Bill Garr）碰面。我比預計早幾分鐘抵達，知會過櫃台人員後，立即就認出了大廳埋藏的各種陷阱：先簽訪客名冊、麻煩掛著訪客證、請您稍坐片刻、要不要來杯咖啡呢？待會就會有人來帶您進去。

我一邊環顧大廳，一邊迅速評估當下情況。綠色大理石地板、鉻合金和皮革家具、各國口音等，全都是要傳達一件事——老子有錢有勢，怕了吧？最好放尊重點。我很清楚這種把戲，自己猶如站在輸送帶上，即將被送往輾壓人際地位的機台，然後額頭上會被烙下「B咖」的字樣，再跟比爾會面十五分鐘，接著就會被請出大門了。我的直覺告訴自己，初次的框架碰撞應該對我不利。因此，我在等候比爾出現時，就開始思考如何才能贏得優勢地位、奪回框架掌控權。

最後，一位助理帶我到比爾位於角落的辦公室，裡頭奢華等級更是令人咋舌。這間個人辦公室裝潢之氣派，大廳相形之下簡直活像建築工地。放眼望去盡是柚木家具、波斯地毯、鈦或玻璃製的固定裝置，還有二十來個裱框照片，展示比爾和不同政商名流的合照，往窗外眺望可看到整個比佛利山莊，媲美景色綺麗的穆赫蘭大道（Mulholland Drive）。

「請坐。」比爾說道，頭也不抬地盯著桌上文件。我挑了窗邊會議桌的一張椅子坐了下來。「別坐那裡，坐近一點。」他邊說邊指著他辦公桌前的伊姆斯（Eames）低矮單椅。我坐下時心想那分明是把「秘書椅」。

比爾作風老派，喜歡用些老規矩來展現權勢，像是故意給人坐較矮的椅子，以奠定自己A咖的地位。我開始感到一陣興奮，因為經驗告訴我，這些人愈愛自抬身價，待我誘餌設好之後，往往都摔得愈重。不過我也可以感覺得到，這次想要達成目標實屬難事。

比爾按了某個電話鍵說：「葛洛莉亞，麻煩幫叫馬汀和雅各進來。」不一會兒，兩位聰明伶俐的常春藤名校畢業生快步走了進來，分別在我左右兩側坐了下來。我心想，這下子我被包圍了，比爾，真有你的。

比爾把手伸進一只擺在櫥櫃上的珍貴瓷碗（出自藝術家尚・科克托〔Jean Cocteau〕之手），拿了一顆大大的紅蘋果。於此同時，他又要我稍等一下，然後叫葛洛莉亞寫信給某位他忘了回電的人。終於，他轉頭面向我和兩位下屬，一腳抵著辦公桌的抽屜，咬了一大口蘋果，隨即擺在桌上，開始找起紙巾。就在這時，我看到了第一個插話的機會。

趁他咀嚼著那口蘋果，我試圖想奪回部分框架控制權。「各位不好意思，我只有十五分鐘，所以我就直接開始了。這是我草擬的案子。」我迅速地向在場三人進行簡報。但這招太弱了，沒太大效果；我們兩人的地位差距太大，光用框架支配仍無法弭平。比爾顯然沒認真在聽（相較於我的提案，他對那顆蘋果還比較有興趣）。我的開場白做得很好，Pitch 也穩定進行中，但人際地位實在太低，很難有機會進入成交階段。

我對自己說：「這個我最拿手了，別挖洞給他跳，等他自己出錯。」

此時，我看到不可多得的良機。多年來，我應付過許多類似的社交情境（只是這次格外刁鑽），腦袋因而浮現一個靈感，我馬上曉得如何瓦解他的框架、吸引他的注意力，只要一個簡單的舉動，就能提升我此刻的地位。

我說：「不好意思，我想倒杯水喝，失陪一下。」然後衝到剛才經過的茶水間，抓了一杯水、一張紙巾和一把塑膠刀，心想：「要是這招沒用的話，比爾不拿這把刀捅我才怪。」

我走回辦公室，沒坐下就直接說：「比爾，希望你不是這麼做生意的。」我朝著缺了一口的蘋果點點頭。

「如果是真正的買賣，每個人都需要分點好處。容我示範一下，我今天的提案長什麼樣子。」

我伸手去取桌上的蘋果。「方便借用一下嗎？」不等他回答，我就拿了蘋果，用刀子切成兩半，自己拿了其中一半。

我把另一半蘋果放回比爾桌上時，可以感覺到滿場寂靜的壓迫。馬汀和雅各嚇得不敢吭聲，比爾則瞇著雙眼、不懷好意地瞪著我。我吃了口蘋果、快速咀嚼了幾下，稱讚美味後，又稍微說明了我們的案子向來不讓投資人吃虧。接著，我把結論說完，盡量表現得自然又隨性，彷彿是在自家客廳跟朋友聊天。

那一刻起，他們都聽進去我所說的每一句話。我把重點放在自己的專業知識，就像先前的貝努瓦或高球教練，我極為認真地展現當下明星魅力。

提案結束後，不等比爾開口，我就準備收拾走人。「哇，已經這麼晚了，」我瞄了一眼手表，略帶誇張地說：「我得趕快離開了，感謝各位今天抽空碰面。對案子有興趣的話，麻煩再跟我聯絡。」

我伸手拿企畫書並從椅子上站起來時，比爾邊揮手邊說：「別急別急，等一下嘛，歐倫。」接著他開始捧腹大笑，讓馬汀和雅各都鬆了口氣，兩人露出笑容，緊張地在一旁陪笑。我面無表情，坐著等比爾笑完。

「難怪丹恩會說我應該見你一面。對了，你剛才說這案子還有哪些合作對象？」

大魚上鉤了。接下來二十分鐘，我回答了他們提出的問題，並且跟馬汀和雅各交換資訊，這兩人負責財務查核。我持續表現得隨時要走人的樣子，不時瞄著手表，擔心下個行程遲到。

最後，我起身跟比爾握手，準備離開時，他說：「如果馬汀和雅各查核完數字後沒問題，就算我一份囉。」

這個例子告訴我們，任何打破現況的舉動只要挑得好、時機佳又不具惡意，一下子就能推翻當前的「國王」。藉由瞬間的驚人之舉，你的框架就會支配全場，大幅提升人際地位。

為了鞏固我的框架，在吃蘋果的插曲之後，我直接忽視任何無助推銷的狀況。這點非常重要。基本上，只要對話主題不能促成生意，就可以直接無視，並設法凸顯有助提案的話題。我不斷把話題拉回交易本身，這些會在第四章會加以詳述。

我把當天在比爾辦公室的狀況整理如下：

一、我走進比爾辦公室，發覺失去框架掌控權，落入B咖的地位。

二、我做出令人詫異卻不算無禮的舉動，帶來另一波的框架衝撞。

三、該舉動的新奇感退去，對方卻仍十分專注（相信我，這招屢試不爽），我不斷鞏固自身地位，就像電玩高手不斷闖關、蒐集能量星星。愈快握有人際地位，就能得到愈多籌碼。

四、贏得客戶注意力後，我就把焦點放在營造當下明星魅力、站上A咖地位。

五、我利用獨門資訊的優勢，快速把框架限縮於自身專業領域，藉此獲得所向披靡的魅力；由於在場我是專家，因此沒人能損及我的光環。

六、藉助剛得到的當下明星魅力，我把討論拉到別人難以質疑的層級，圍繞著努力付出、專業知識和道德權威等主要核心價值（後文即將提及）。

七、提案一結束，我就準備走人，毫不拖泥帶水，直到離開辦公室為止——但在這之前，我得先埋好上鉤陷阱、取得口頭答應。

凡是到別人地盤簡報，上述原則每條都能適用。

以下一併列出其他重要注意事項：

- 若你認為自己起初處於B咖地位，**務必準時赴約**。遲到只會流失更多掌控權；若連最基本的做生意規則都無法遵守，就很難建立強大的框架。
- **爆發力是關鍵。把握時機站上優勢地位，絕對不要猶豫**。一旦選好框架後，就找最佳時機與對方碰撞，而且愈早愈好。等待時間愈長，只會一直強化對方的地位。
- **避免任何鞏固對方地位的社交禮俗**，無意義的客套閒談只會拉低你的地位。
- **樂在其中、受人歡迎並享受工作**。樂於工作的人最有魅力，容易吸引群眾到你身邊，讓你打造並維持強大的框架。

本書一再強調，社交互動的地位高人一等，就能拿盡一切好處，當A咖就是比較爽。你說什麼別人都會相信，情緒起伏也感染著全場的氣氛。最重要的是，A咖的一切言行舉止都是眾人關注的焦點。

記住，這個過程是為了打造臨時的情境地位，一旦離開當下社交場合，這個地位就不復存在、瞬間消失。若你事後又回到那裡，一切就得重新再來，就算只過五分鐘也一樣。

此外，你也無法改變固有的人際地位，即每個人社會地位伴隨的名聲，包括了財力、人氣和權勢。舉例來說，你在跟億萬富翁會面時，不可能讓他相信你的財產比他多三倍。固有的人際地位恆常不變，唯有情境地位能在你的掌控之中。

幸好，不必靠金錢、人氣或權力，你也能在商務或一般場合中享有高地位。沒有優勢的人際地位，就可以暫時創造情境地位。

六大步驟，徹底掌握情境地位

以下是提升人際地位的具體步驟，適用於任何社交情境。你會發現，有部分源自於框架建構技巧，而且自有道理：框架支配與人際地位密不可分，同時也跟第四章介紹的 Pitch 技巧息息相關。

一、禮貌地無視彰顯權力的規矩、避開B咖陷阱。

二、不受客戶固有地位動搖。（固有地位即客戶在該情境內外的地位。）

三、試著在小處表示拒絕或展現倔強，以強化框架、提升人際地位。

四、奪得框架掌控權之後，立即將討論導向你的專業領域，讓聽眾無法質疑你提供的知識與資訊。

五、拉抬自身價值以建構大獎框架，讓對方想要跟你做生意。

六、要確認你位處A咖地位，就讓暫居B咖地位的客戶主動認可你的地位。

最後一項步驟至關重要，而且沒有想像中來得可怕。前文也已提到，我不會濫用手中的權力，刻意展現自我的優越感，反而會保持幽默的態度，即使過程中多次你來我往，雙方談生意也都能盡興。

想讓客戶肯定你的A咖地位，妙招之一就是讓他半開玩笑地替自己辯護。這不僅提醒你自己仍主導全局，更重要的是，告訴客戶他處於B咖的地位。如此一來，即使在自己的部屬面前，客戶依然會聽從你的意見。

我可能會說：「拜託再提醒我一下，我到底為什麼要跟你們談合作？」

這通常會逗得對方哈哈大笑，同時拋出認真的答案：「歐倫先生，因為放眼全加州，我們是最大的銀行啊。」

我的回答會是：「就是說啊，太好了，我會好好記住這點。」

會面過程必須維持愉悅又有趣的氣氛，針鋒相對只是小小插曲。盡可能要客戶證明自己是值得合作的對象，若對話開始有些尷尬或花太多時間，那就拋出另一個問題：「請問你談過這麼大筆的生意嗎？」我發覺，若要客戶承認框架由我支配，這幾乎是不二法門。

現在，你對各種框架已有基本理解，也學會怎麼運用地位來鞏固框架支配權了。接下來，我們要進入此方法的核心內容，也就是 Pitch 本身。

CHAPTER 4

任何好點子都能賣

Pitching Your Big Idea

一九五三年，分子生物學家詹姆斯·華生（James Watson）和法蘭西斯·科里克（Francis Crick）向世人介紹DNA雙螺旋結構。這個結構埋藏了生命的祕密，公認是二十世紀最重要的科學發現。華生和科里克因此獲得了諾貝爾獎。

不過，這項成就最出人意表的是，整場發表前後只花了五分鐘。在這麼短的時間內，兩位得主便發表了一場完美又完整的簡報——說明生命的奧祕、交代許多細節並展示其中原理。

二十世紀最重要的科學發現，在五分鐘就可以交代完畢！

然而，我見過的所有提案（每年至少上百場起跳）幾無例外，都得花上至少四十五分鐘，耗時一小時以上也是常態，實在誇張！美國任何一家企業，都不該讓自家主管花一小時跟人簡報。讀完本章，你就會明白道理何在。

兜售好點子的方法

目前為止，我們探討了框架和人際地位等抽象觀念。現在，請繫緊鞋帶、塞好襯衫，是時候上戰場真正進行提案了。

假使你就是公司派出去的代表，負責向客戶兜售某個好點子，就得曉得如何比多數人花更短的時間、完整結束簡報。不過接著會提到，縮短時間並非隨你高興，而是沒本錢講太久。聽眾的大腦不會給你更多時間，更糟糕的是，一旦注意力流失，約莫開始後的二十分鐘左右，大腦就慢慢忘掉剛習得的東西，到頭來只會導致反效果。

提案或簡報一開始，就得把重點擺在一件事：對方必須感到自在。大部分的情況下，**聽者都覺得很不自在，因為不曉得要聽你這位陌生人講多久**。多數人都不願意聽上一小時的提案。為了讓這些人放心，我的辦法很簡單：**啟動時間約束模式**。也就是直接讓對方知道他們不會被迫開一小時的會：

「各位，我們開始吧。我大概只有二十分鐘告訴你們重點，再留點時間討論細節，然後就得趕赴下一場會議了。」

這番話會讓客戶放心，代表你胸有成竹且經驗老道。真正專業的人士，都能在二十分鐘內搞定簡報。這也顯示你的點子夠出色，所以得趕場開會，無暇逗留太久。

此時的重點並非你對細節多熟稔，而是能否充分掌控注意力和時間。強求對方專心超過二十分鐘是不可能的任務，我們只需了解人類專注力的極限即可。

提案或簡報可以分成四個階段：

一、介紹自己與好點子：五分鐘。
二、說明開銷與祕訣：十分鐘。
三、提出合作條件：兩分鐘。
四、框架疊加和促進熱認知：三分鐘。

第一階段：介紹自己與好點子

根據這套原則，你要做的第一件事就是介紹自己的來歷（甚至應優先於思考如何說明點子）。但你得說得十分具體；成功端視介紹內容的優劣（和快慢）。起初客套閒聊一番後，你建立了人際地位、設法支配框架，對方自然會想問：「你的背景是什麼？」或「當初怎麼進入這行的呢？」此刻就是自我介紹的時機。**首先要描述成功的經驗**，絕對不要細數待過的每一家公司、參與不深的每一個專案，或是流水帳般地述說過去種種。成功的關鍵在於凸顯相關經歷，譬如你一手打造的事物、真正落實的專案等成功案例。但前後不要超過兩分鐘，別擔心是否說得太少，因為在簡報還沒結束之前，對方一定會更加了解你。

我的朋友喬曾獲得波音公司的投資，他的自我介紹如下：

一、我大學畢業自加州大學柏克萊分校，後來在洛杉機分校取得ＭＢＡ。

二、之後，我到麥肯錫顧問公司工作四年，期間最大的成績就是替淩志汽車（Lexus）擬定的銷售計畫，替他們省下一千五百萬美元，而且持續沿用至今。

三、六個月前離開顧問一職，專心構思目前的「好點子」。

沒錯，喬多年來的履歷絕對不只如此，但那又怎麼樣呢？Pitch之時，唯有最大的成就值得一提。你的經歷是否遠比喬精彩呢？當然可能。但在提案過程中，時間和專注力都有限度，甚至可說是**極為有限**。你需要時間來取得（並維持）框架支配權，現在不是自吹自擂的時候，等有可能敲定生意時再提也不遲。

我常看許多人花十五分鐘以上介紹自己，真是荒謬，明明又不是什麼偉人。有不少人認為，只要是值得一提的經歷，理應愈多愈好。不過，人的大腦可不是這麼運作的。研究顯示，我們對別人的印象是基於所得資訊的平均而非加總。因此，只說一個引以為豪的成就，肯定好過說了一件不那麼傲人的平凡事蹟，假使這時又追加兩件平凡無奇的經歷，好印象就被稀釋到所剩無幾了。所以，**只要說一件出色的成果就好**。大方公開自己的經歷，說明時簡單明瞭且不拖泥帶水。這階段有許多更重要的事等著你做，不適合糾結於技術問題、深度對話或分析。

你是否覺得上述與你習慣的方式大相逕庭？是不是徹底翻轉了你對Pitch的看法？相信答

案是肯定的。但若你無法接受這套基於框架的思維，當然可以自我安慰吾道不孤，尤其許多企業高層主管同樣凡事擺錯重點，到頭來只是在做白工。

「機不可失」框架

你再過不久就要兜售「好點子」了，但我得先提醒你：沒人想把時間和財力花在一樁了無新意的交易上。因此，你需要採取「機不可失」框架（"Why Now?" frame），務必要讓買家知道，你所提的點子前所未見，脫胎自當前市場的商機，而非前人留下的舊有思維，也要讓對方清楚你的創意源自於你熟悉且擅長的固有市場力量，而且有利可圖。另外，你也得展現自己在這方面的知識無人能及。

客戶有時會在心裡嘀咕，像是為何非得採用你的點子不可，或為何偏偏要選當下這個時間點。請先針對這些問題做好準備，在客戶還沒說出口前，就果斷地把答案告訴他們，即可消除疑慮，讓對方感到安心。接下來，無論你說了什麼，都會更具脈絡與意義，且有迫切性，進而提升其既有價值。

根據多年來的經驗，我發現任何產業都受到三大市場力量的影響。只要了解這些力量，就足以解答客戶的疑問，建立強大的「機不可失」框架。

◉三大市場力量：預測趨勢

描述點子、企畫或產品時，首先要提供清楚的脈絡，請參考以下三大市場力量或趨勢：

一、**經濟力量**：簡單說明點子因應了哪些金融市場的變化。舉例來說，消費者收入是否增加？信貸是否更容易取得？景氣是否更加樂觀？其他諸如利率、通膨和幣值的漲跌，都是會大幅影響商機的主要力量。

二、**社會力量**：強調點子是因應哪些消費行為模式的變化。最顯著的例子就是汽車市場，近年環保意識的抬頭形成社會力量，刺激電動車需求不斷成長。

三、**科技力量**：科技變革可以把既有商業模式、甚至整個產業扁平化，因為消費需求轉移至其他產品。以電子產業為例，改變來得快又頻繁；但在家具製造業，改變則偏和緩漸進。

說說你的點子靈感從何而來、演變過程，以及浮現在你眼前的契機。**客戶往往對背後的故**

事很感興趣。只要交代了故事的來龍去脈，就能合理化提案的內容。

構思點子背後的故事時，務必思考怎麼走到這一步，以及當初何以靈光乍現。再來，試著描述其沿革，說明點子如何成為如今你所掌握的商機。

綜上所述，三項基本步驟可歸納如下：

一、說明業界重大的變化，預測未來趨勢，認清市場內外的關鍵發展。

二、談談這些發展對成本和消費需求的衝擊。

三、說明這些趨勢如何暫時創造了市場時機。

接下來的例子緊密結合了三項市場力量，並搭配「機不可失」框架，推銷一個名為UpRight的產品。這項裝置可戴在手腕上，在適當時間慢慢叫使用者起床，確保使用者獲得充分的休息。

經濟力量：這項產品的成本剛掉到十美元以下，代表零售價可定在六十九美元。我們等這個價位已經等兩年了。

社會力量：當前社會有個普遍的現象，很多人都睡眠不足或亂睡一通。雖然睡眠障礙問題每年只成長百分之一點八，察覺到這個問題的人卻持續爆增。大家都曉得良好的睡眠品質很重要，這也是現代社會各階層的熱門話題。

有了這樣的社經脈絡，你再開始帶入自己的好點子：

科技力量：這項裝置會用到控制晶片和螺線管，現今科技可讓成品體積變小，生產成本也可壓低，未來可望推向大眾市場。

在提案一開始就描述三大市場力量，點子本身立體鮮明不少，不僅有了自己的故事、一路走來的沿革歷程，還大幅提升了可信度。經濟、歷史和社會的層層變化，烘托出這個點子的意義，因而讓其浮上檯面（但也僅只於此而已）。一切要歸功於你敏銳的觀察力，看出這個點子的潛力，進而加以發揚光大。（這點可以加強你的大獎框架。）

無論你的點子、企畫或產品是什麼，只要擺在三大市場力量的脈絡中，一定都有各自的發展歷史與正當性，也都會有自己的故事。

擬定「機不可失」框架的劇本時，一開始盡量朝大方向思考、往前回溯，才能理解並說明點子的來龍去脈，點出與眾不同的特點。記住，不管你推銷的是戰鬥機、證券、房地產、軟體或棉花球，都需要這樣包裝提案，藉此交代沿革背後的力量。

變動是「機不可失」框架的重要元素。對方必須了解這樁案子背後的動力，正因為有這些外在力量，你才能勝券在握。

這也是另一項關於鱷魚腦的必備知識：**鱷魚腦有一大部分是用來偵測變動**。正因如此，弄丟的東西才會這麼難找。鑰匙、手機或鉛筆都不會動，東西可能就在你眼前，卻因為靜止不動，導致你怎麼樣都沒發現。這也是為何動物受驚時常愣在原地。**一成不變的事物難以引起大腦注意，簡直就跟空氣沒有兩樣**。鳥兒的頭保持不動，能精準看到蠕動的蟲子，捕獵效果奇佳。假如把箭毒（一種癱瘓毒素）注射到人眼肌肉中，也會發生同樣的事；就算不注射毒素，動態事物本就容易吸引注意力。這是你在提案時要善用的要點：說明實施計畫會帶來何種優點時，不要給聽眾看一張靜態圖片，而是要展現出你的點子何以有別於以往慣例，足以開創新的典範。

大腦的原理還有一項重要特色，叫作「改變視盲」（change blindness）。說來不可思議，但你若在一般人面前快速抽換兩張圖片，其中一張略有不同或是變化很大，多數人都不會發現，就算把阿嬤換成一棵樹也沒差。**這對大腦來說不算變化，因而會自動忽略**。兩張圖片快速互換時，就算你認真想「找碴」，還是會覺得一模一樣。唯有刻意比對差異處，才能真正「看到」變化。了解這項事實之後，你應當已經明白**不可能單憑給聽眾觀看改變前後的情況，就期待他**

們立刻發現其中差異。你得清楚指出變化的過程。

我們的大腦對於靜態的推銷無感，類似「過去那樣，現在這般」的說明，**只會導致改變視盲，你的對象依然完全不懂這筆買賣的魅力**。方才提及的三項變動的市場力量，可以降低改變視盲的機率。當三股市場力量結合，等於告訴對方的大腦，市場變動有利於推行你的妙點子。

以下是我同事喬的推銷話術，屢試不爽：

「近年來，興建機場的生意十分冷清。說難聽點，這個市場根本就像一灘死水。但現在出現了轉機。**有三股力量正在改變這個市場**。**一來**，銀行開始貸款給航空相關計畫；**再來**，聯邦航空管理局（FAA）也開始核發機場營建許可；**第三**，我們主要的競爭對手因為利益衝突，所以無法參與投標。」

喬提出的機場建案是基於市場變化，聽在客戶耳裡**很有道理**。銀行願意借貸，FAA又樂見機場的興建，加上競爭對手減少，自然促成當下的商機。

我從經驗中學到十分重要的一項原則，幫助我大幅提升提案的成功率，那就是買家往往不喜歡炒冷飯的案子。他們想要看到的是變化，不愛其他投資人或合夥人無視的冷門提案，舉例來說就像某影印機業務跟你說：「要不要買T100型影印機？我們倉庫裡有五十台賣不出去的任君挑選。」

一分鐘介紹好點子

這不必花上十五分鐘，只要一分鐘就夠了。說明想法無須鉅細靡遺。我當然知道你覺得憋不住，畢竟人性使然：介紹完自己，就交代細節。**但此時並不適合談任何細節。**對方還沒決定跟你簽約，氣氛還沒熱起來，過多細節只會更加降溫，所以可以之後再提。首先，運用「點子說明範本」帶進你的想法。這是創投家傑佛瑞．摩爾（Geoff Moore）在一九九九年研究出來的範本，至今依然實用。

點子說明範本

範本如下：

對於目標客戶而言，市場現有產品／服務實在差強人意。我的點子／產品是全新的點子或產品類別，提供了關鍵解決方案。與同類產品／服務不同的是，我的點子／產品特點是描述重要特點。

先以「EnergyTech 1000」這項產品的說明為例：

例一

對於加州和亞歷桑那州的高樓大廈而言，目前老舊太陽能板實在差強人意。我的產品是隨插隨用式的太陽能加速器，提供了舊太陽能板額外百分之三十五的能源。與更換太陽能板的昂貴成本不同的是，我的產品特點是價格實惠、沒有多餘零件。

簡單明瞭，不到一分鐘就把點子介紹搞定了。以下是另一個範例：

例二

對於忙碌的企業主管而言，電腦顯示器可供工作的空間實在太少。我的產品是一種視覺序列，提供共八個平板顯示器，全部相互連接，可以擺在任何辦公桌上。與市面上需要DIY、只有兩三個顯示器的解決方案不同的是，我的視覺序列能讓主管能同時使用Excel、Firefox、Word、Gmail、Skype、Photoshop、Explorer和TradingDesk，而且視窗之間不會混淆。

以下則是喬運用相同的範本來說明機場興建案：

例三

對於希望現金殖利率至少百分之十的投資人而言，股票這類的高風險投資報酬實在差強人意。我這個機場建案不但風險低，又有許多保障，提供了經常性的現金流。與多數開發計畫不同的是，可以隨時套現走人。

這樣確實有助吸引客戶的注意力。然而，**務必要認清一件事，吸引注意力不代表就能掌控注意力**。你很快就會懷疑，注意力是否真有可能「掌控」。更糟的是，常常只要下錯一兩步棋，你會發覺不過短短幾秒鐘，對方就開始放空了。人類注意力的基本原理為：**我們容易注意到時空中出現變化的事物，因為這些事物通常比較重要**。但問題就在於這些變化的事物，常常也是我們要逃離的威脅。基於這項前提，我們在推銷時，希望聽眾全神貫注又不感到威脅。有鑑於此，我才會相信並仰賴上述的點子說明範本，因為所有介紹點子的方法中，**這個範本最不容易觸發鱷魚腦的威脅迴避機制**。

神經科學家艾維安．戈登（Evian Gordon）認為，降低周遭的危險和威脅是「大腦最基本的構成法則」。如前所述，**鱷魚腦對威脅是不假思索的**，只會單純做出反應，不會花時間思考迎面衝來的蛇是銅斑蛇還是水腹蛇。

雖然這項天然的防禦機制是演化優勢，但學者指出每當我們進入社交情境中（譬如要在董事會面前提案），百分百都會感受到潛在的威脅，例如，我們可能會被拒絕、覺得尷尬丟臉、深怕提案失敗等。這些社交威脅出現時，大腦的威脅迴避機制就開始輸送腎上腺素等神經傳導物質，焦慮感也油然而生。我們都有過這樣的感受：站在一群觀眾面前，卻覺得他們心不在焉，自己因而心跳加速、雙頰漲紅且直冒冷汗。這些是面對社交威脅的身體反應。

我們必須認清一件事：人類生來就要參與群體互動。因此，假使你沒想過社交場合會是潛在的威脅，也許可以開始改變自己的思維。在一項研究中，研究人員請受試者玩一個電腦遊戲，受試者以為自己在跟其他參與者丟接虛擬的「球」。遊戲進行到一半時，受試者的線上玩伴漸漸只把球丟給彼此，把受試者晾在一旁。這下可尷尬了！研究人員藉由大腦掃描，評估受試者的反應。**結果顯示，社交威脅跟人身威脅會觸發大腦中相同的威脅因應機制。**更糟的是，大腦可能遠在你意識到威脅前，就率先執行偵測到威脅的反應。

倘若不用上述的說明範本（或其他受到嚴密控管的理念包裝方法）來介紹好點子，可能會造成不少麻煩。首先，買家會感受到你的焦慮。再來，當你發覺對方很不自在，就會更加緊張，焦慮全寫在臉上。第三，無止盡的迴圈就此展開：對方先感受到你的焦慮，大腦中威脅迴避機制便開始運作。你提案才剛開始沒多久，還有很多事要做，可不希望就此陷入負面迴圈。這個階段嚴重出包未免太早了。

說明範本把點子濃縮到只剩精華：具體內容、適用對象和競爭對手。不必焦慮、不必恐懼也不灑狗血。

現在來複習 Pitch 第一階段的步驟。

首先，事先告訴客戶簡報很短，頂多二十分鐘，你之後還有行程要趕，藉此讓客戶放鬆戒心，鱷魚腦就會著重在當下，同時提升其安全感。

再來，列舉自身過去的傲人成績，但並非列出一長串工作經驗，沒人想看你在哪些單位「打卡上下班」。許多證據也顯示，花愈多時間談論個人經歷，在客戶眼中就愈顯普通，因為大腦不會把關於你的資訊累加，只會抓個平均值。

然後，你必須證明自己的點子並非單純福至心靈，而是因應背後的市場力量而生，你只是抓緊短暫的市場時機。（同時也要承認會出現競爭對手，代表你也認清做生意的現實面。）

由於大腦只留意動態的事物，因此必須勾勒出一幅圖像，說明這個點子離開了舊有市場、打入全新市場。如此一來，聽眾就不會出現改變視盲，也能避免他們忽略案子的特色。

最後，運用「點子說明範本」，向聽眾介紹好點子。如今，客戶曉得點子的具體內容、適用對象、競爭對手以及優勢何在。這個範本簡單易懂又接地氣，通常效果也奇佳，因為不會觸發大腦的威脅因應機制。

然而，這項方法固然實用，卻不代表所有 Pitch 內容都要簡化；再過不久，你就要傳達許多複雜又牽涉細節的資訊了。

第二階段：說明開銷與祕訣

目前為止，維持客戶的注意力還算容易。第一階段，只要在五分鐘內介紹自己和好點子即可。到了第二階段，維持注意力就更加困難了。現在，你要說明這個點子能解決什麼問題，以及確切的執行方式。**一旦開始講解原理，嚇壞鱷魚腦的機率也就迅速上升**。

多年來，商務人士承受了龐大的壓力，想辦法深入淺出地介紹複雜的觀念。但業界少有大師提出可行辦法，並在現實中真正達到成效。至少這十年來，我還無緣見到。

凡事簡單為上，簡報尤是，畢竟資訊經摘要後超容易消化，所有概念都打包成「重點摘要」（executive summary）[5]，客戶會愛你才對。但這就是常令人挫折之處。

接下來要講的內容，勢必會違背傳統看法，但多年的經驗告訴我，「簡單」其實不太重要。假使簡單就有用，人人何不效法就好？但事實正好相反。簡單的內容，可能會讓你顯得天真或膚淺；提供資訊太少，客戶可能會期待落空，正如給了太多資訊，客戶會難以吸收一樣。

你真正該做的事，是把話說到客戶心坎裡。

想想你跟小孩說話的方式，也不會只簡化說話內容。舉例來說，假如你想說：「先把晚餐吃完，才能吃甜點。」不可能無故簡化成：「先晚餐再甜點。」實際上，你可能會為了解釋理由，說得更多更複雜。重點在於，小孩的思維跟你不同，所以要了解其思考邏輯；這也是為何我們要了解鱷魚腦的邏輯。我在前文已做出結論：**人們構思出來的好點子，源自解決問題的大腦區域（即新皮質），必須先加以調整，鱷魚腦才會願意接收。**

我在早期寫作中為了釐清這點，偶然讀到了認知心理學家所謂的「心智推理能力」（theory of mind）⑥，恰好可以用來佐證。**具備良好的心智推理能力，就能理解他人的思想、期待和意圖如何影響外在行為。**只能以單一角度看待事物的人，心智推理能力就偏弱。反之，心智推理能力夠強，就能理解每個人為何有不同觀點，以及他人對同一事物的認知不同，期待也不見得跟你的一樣；心智推理能力夠強，也有助於明白凡牽涉統計之事，就必須高度簡化。**鱷魚腦痛恨計算機率**。人類社會為了統計，發明許多複雜的心法和方程式，就是因為大腦生來無法思考統計數字。雖然一般聽眾到底能接受多高的「複雜度」仍有所爭論，但可以確定的是：若你說的是人與人的關係，就可以多提供一些細節，因為大腦擅長理解複雜的人際關係。

我回顧過往經歷，得出最重要的兩項心得：

- 提供資訊的多寡不是重點，心智推理能力的好壞才是關鍵。換句話說，你必須把話說到對方的心坎裡。
- 所有重點都得在聽眾注意力流失前交代完畢，大部分人的注意力頂多維持二十分鐘。

吸引聽眾的注意力

先前提過，提案的一項大忌就是太無聊。多數簡報都有這個問題。其實，幾乎每個人在簡報時，都有說太多的毛病。但無庸置疑的是，無論簡報的是企業主管或學者專家，聽眾的注意力都會隨時間快速下降。警覺力相關研究顯示，目標客戶通常專注聽幾分鐘後就開始分心，有些研究甚至認為只有幾秒鐘。不過這其實沒什麼好爭的。注意力本就難以控制，人生來就會分心。客戶內心或外界存在著各種誘惑，不斷地跟你的簡報「爭寵」。**即使沒有讓人分心的事物，大腦依然很省著用認知能力，能不花力氣就能搞懂你這個人和你的點子最好。**

什麼才能抓住聽眾的注意力？抓住後又該怎麼維持下去？

資訊夠新穎時，就會獲得關注；資訊不再新穎時，就會失去關注。這點你已曉得了。假使你提的東西看起來無趣，毫無視覺刺激，包含一堆冷冰冰的事實，又像義大利麵般錯綜交纏，沒人會想專心聽你簡報。

---

⑤ 坊間多譯作執行摘要，其實即指「一目瞭然的重點整理」。

⑥ 心理學界多半譯為「心智理論」，唯此術語定義是理解自己與他人心理狀態的「能力」，「理論」一詞恐怕會讓讀者誤以為是學術「理論」，故譯為「心智推理能力」。

然而，注意力無比重要。喔，針對推銷成功背後的原因，我們當然可以爭論客戶注意力到底占了七成還是五成，但所有人想必都會同意，整場 Pitch 到底會引起客戶共鳴而敲定生意，或失去客戶的心而失敗收場，吸引並維持注意力絕對是關鍵。

從另一個角度來看，若對方願意專注聽你說幾小時的話，不管提案簡報是好是壞，最後都能凱旋而歸。**問題是你沒有那麼多時間**，剛才也說過，了不起就二十分鐘。假使是在沒準備需臨場發揮的情況，更只有短短五分鐘，之後聽眾便進入放空狀態。

注意力究竟是什麼

為了掌控注意力，我一直認為要先了解它的要素。注意力是模糊又包山包海的說法，感覺無須特別定義，但是你若不曉得馬丁尼的成分，又要怎麼調酒呢？我會這麼類比，是因為接下來你會明白，注意力就像是一杯端給大腦的調酒，也是一種社交互動的潤滑劑。你除了要能調出完美的雞尾酒，也要知道端出這杯酒的時機。

我是怎麼發現注意力的要素呢？其實不費吹灰之力。研究人員早已運用腦部掃描儀器，憑著神經科學的專業，解開了這個謎團。他們發現，**一個人感到欲望和壓迫時，就會非常專注於眼前的事物**。

我們從大腦掃描學到至關重要的一課：注意力就是在欲望與壓迫感之間，找到細微又易變的平衡。一切都得歸因於多巴胺和去甲腎上腺素（norepinephrine）兩個神經傳導物質。

多巴胺是欲望的神經傳導物質，去甲腎上腺素是壓迫感的神經傳導物質，兩者相加就是所謂的注意力。

假使你希望某人對你全神貫注，就得提供這兩種神經傳導物質，需要它們共同作用並進入目標對象的鱷魚腦。但兩者的觸發機制並不相同。

想刺激多巴胺分泌、挑起欲望，就要**祭出獎賞**；想刺激去甲腎上腺素分泌、導致壓迫，就要**吊人胃口**。

接下來，你會學到欲望和壓迫感的觸發模式。

多巴胺有何功用

多巴胺是大腦中追逐獎賞的化學物質。只要〇點〇五秒，多巴胺就能促使人類採取行動。人在聽到或看見想要的東西時，大腦中多巴胺濃度就會上升。看到有人滿臉好奇、心胸開闊又興致勃勃，就代表他受到多巴胺的影響。一杯濃咖啡、育亨賓（Yohimbe）樹根、古柯鹼和感冒藥偽麻黃（sudafed），都會提升腦中的多巴胺濃度。對多數人來說，簽六合彩中大獎、購買所謂的「配件」（如勞力士錶等能提升社會地位的奢侈品）也具有相同的效果。

大腦釋放的多巴胺跟帶來愉悅感的活動習習相關，像是耽溺於美食、性愛和毒品。但最新的大腦掃描結果顯示，**多巴胺不盡然是促進愉悅感的化學物質，而是預期獎賞的化學物質**。葛雷格·柏恩斯（Greg Berns）在著作《好滿足》（*Satisfaction*）中這麼說明：「怎樣才能促進大腦分泌多巴胺呢？」答案是「**新奇感**」。許多大腦造影實驗都顯示，新奇事物對於釋放多巴胺極有助益。大腦之所以會受到新奇事物刺激，是因為世事真的難料。」他也提到：「你可能沒那麼喜歡新奇感，但你的大腦愛得要命。」

藉由出奇不意地帶給聽眾驚喜，就能營造新奇感。

現在來複習一下。只要介紹新奇的東西，聽眾的大腦就會分泌多巴胺，進而挑起欲望。舉例來說，簡短的產品介紹、提供新穎的點子、運用妙喻說明複雜的主題，或者運用鮮明、變動又獨特的物體、形狀、尺寸等，全部都會帶來新奇感。

期盼聽眾能聚精會神地聽取簡報，並消除其他導致分心的誘因，就得注入新奇感。

多巴胺如何引發新奇感

截至目前，我談了大腦接收資訊的多寡，以及無法一下子處理太多資訊。這些來自不同感官的資訊，全都儲存在腦部某個小小的區域，總得有個方法挑選哪些要忽略、哪些要因應；多巴胺就能刺激人體做出選擇。

《華爾街日報》記者傑森．瑟維格（Jason Zweig）曾引述倫敦大學的研究結果：意料之內的收穫無法刺激多巴胺分泌，但意料之外的收穫因為很新奇，就會刺激大腦釋放多巴胺。另一方面，若你期待的獎賞落空了，多巴胺就會流失殆盡，進而引發負面情緒。

就像前文提到的馬丁尼調酒，多巴胺的量必須剛剛好：**不足的話，聽眾對你或你的點子就沒興趣；太多的話，就會導致恐懼或焦慮**。

前文也提到，務必要簡單說明你的好點子。但簡單不見得是好事。多巴胺的刺激就是很好的例子：**一般人喜歡進行中度的複雜思考**。有些學者主張，人類對於無法解釋的事物常常心生好奇，但這點其實不難理解，許多謎團都屬中度複雜的程度。正因如此，新奇感是推銷時的要素。好奇心代表鱷魚腦深感興趣，覺得可以安全地學習新知；好奇心源自於資訊落差，也就是「已知道」和「想知道」的差距。這是好奇心的成癮特質，也是你希望客戶會有的感受：對你的好點子表示好奇。

唯有當客戶覺得自己知道得夠多，也充分理解你的好點子，好奇心才會消失，由滿足感取而代之。這時，無論你是否發覺此事，Pitch 就形同結束了。

新奇資訊可能觸發兩種反應：退縮或探究。好奇心屬於探究的反應，也是促成令人滿足的動腦體驗第一步。

只要 Pitch 讓客戶有新奇感，認為值得一探究竟，多巴胺就會釋放到大腦中。相較於意料之內的收穫，出奇不意（又令人愉悅）的收穫更能刺激多巴胺的分泌。但多巴胺也有一大缺點：假使對方期待落空，多巴胺濃度就會驟降，壓力也隨之而來。對方不只會停止接收新資訊，還會逐漸忘記你說過的話。

總而言之，對獎賞的盼望有助多巴胺分泌；多巴胺要的是新奇感。然而，光有多巴胺仍不夠喚起注意力。畢竟它只是好奇、興趣和欲望的化學物質，還需要去甲腎上腺素幫忙製造壓迫感，所以我將之稱為「保持敏銳的化學物質」（chemical of alertness）。

適時製造壓迫感

前文針對新奇感和欲望的討論中，我只說明了注意力的一半成因，另一半則是壓迫。先來看看壓迫的定義，把真實的後果帶入社交情境，也是清楚意識到得失所產生的反應。這會讓客戶知道，事態非同小可。**壓迫感反映後果，因此不容忽視。**

風險為零時，對方根本不必費心關注，也毫無壓迫感。因此，不妨說幾句話提升當前的張力。此時，我們的重點是對客戶展現欲擒（拉）故縱（推）的態度，這並不是故意在耍心機（自始至終都不是我們的策略），只是要讓客戶保持敏銳。假如你希望客戶保持專注又精神十足，全心聽你說話，就必須讓他的腦袋保持清醒。壓迫感促使去甲腎上腺素注入目標對象的大腦，進而達成這項目的。

這不禁讓人想探討新奇感和壓迫感之間的關係。兩者若沒有產生作用，酪梨農丹尼斯就會慘賠六十四萬美元；《大白鯊》會變成影史上的大爛片；法國侍者貝努瓦也很難生存下去。

我們以前也許從沒想過，所謂的注意力，竟混合了不同的神經傳導物質，那何必自找麻煩呢？我們當然不懂神經傳導物質，老實說，也不會真的想去深入了解。不過對大部分人而言，這說明了以下這件事：

注意力的兩項要素是新奇感和壓迫感，在推銷過程中相互合作，逐漸形成一種反饋機制，可持續二十分鐘左右；之後無論多努力都是徒勞，因為兩者會

——失去平衡、停止作用。——

壓迫感源自衝突。有些簡報新手只想仰賴個人魅力（新奇感的一種純粹形式），盡力避免在提案出現任何衝突，希望每人都和顏悅色——只想見人笑，不要看人哭。為何如此？因為在日常生活中，衝突會帶來龐大壓力和極度緊張，所以無論到哪，我們難免都想避免衝突。**但在敘事暨框架本位的推銷中，你不能懼怕壓迫感，反而要營造壓迫感。**

接下來，我會提供粗略的「推／拉」範本，這個範本確實對我的工作助益良多。你可能會覺得不可思議，不是因為範本內容十分簡要，而是因為其目的在營造壓迫感。這正是我的優勢所在。

以下共有三個範本，帶來的壓迫感強度會漸漸增加。簡報時只要一發覺對方注意力下降，就可以隨時運用這些對話當作腳本。

低強度推／拉範本

推力：「話說回來，我們說不定到頭來沒辦法合作。」

（停頓，讓對方慢慢聽出端倪，語氣必須真誠。）

拉力：「但如果真的談成了，我們結合彼此的實力，很可能會交出漂亮的成績單。」

中強度推／拉範本

推力：「談生意不能只看點子。我的意思是，舊金山就有家創投集團根本不管這件事，連生意上門也不看點子如何。他們只在意背後的合作對象。說來還滿有道理的，我現在也明白了，好點子並不稀奇，可說到處都是。真正重要的是，找個滿腔熱忱、經驗豐富又講究誠信的人來負責。所以，如果你我在這方面觀念不同，肯定合作不來。」

（停頓。）

拉力：「不過，仔細想想這樣也太扯了。你們分明重視合作關係，更勝於聰明的點子。我先前遇過許多公司老闆，活像冷冰冰的機器人，眼睛只看得到報表數字——但你們絕對不是機器人。」

高強度推／拉範本

推力：「照你們目前的反應看來，這案子似乎不適合你們。我覺得，合作就是要講求信任，你們必須真的對案子有信心才行。我們這次就先喊停，下次有機會再合作吧。」

（停頓，等待對方回應，開始收拾東西。若對方沒阻止你，就乾脆地離開。）

一推一拉之間會產生雙向的連結，共同作用下就能營造充足壓迫感，讓客戶察覺事態嚴

重。假使你拚命拉攏客戶，只會讓他們產生戒心、感到焦慮；這種行為就是「強迫推銷」，反映出迫切黏人的一面。當然，萬事都得拿捏分寸，倘若你一直拒人於千里之外，他們也會識相離開。

Pitch 圈子中最為人津津樂道的推／拉案例必然會提到美劇《廣告狂人》（*Mad Men*）裡的行銷達人唐．卓普（Don Draper）。他在劇中是一家虛構的廣告公司業務。某次簡報時，他看客戶似乎對案子不以為然。

「看起來沒什麼其他事了，今天就先這樣吧。」他對客戶說，主動跟對方握手，「謝謝各位今天抽空碰面。」卓普起身準備離開。

這個橋段我看了很多次，往往讓我對其中的推／拉技巧欽佩不已，因為此舉大大刺激了對方大腦中去甲腎上腺素的分泌。

影片中壓迫感驟升，客戶滿臉驚訝地說：「就這樣？」

卓普回答：「你打從心底不相信我的話，我們又何必浪費時間在卡布奇戲院上呢？」

客戶因而做出反應，忽然認真地對卓普的點子有了興趣，隨即請卓普坐了下來。

我認為最值得拿來說嘴的推／拉案例發生在幾年前，一群與會者試圖要強迫我接受他們的意見。

當時，我有個千載難逢的提案機會，對象是在百億美元市場呼風喚雨的投資人。想也知道我不可能拒絕。我得參加一場即將到來的會議，跟這些投資人閉門單獨會面。會議主辦單位向我收一萬八千美元，後續細節都由其安排。

我高興地付了這筆錢，搭乘公司專機前往丹佛，十分期待有機會敲定新生意。吃完早餐後，我前往會議室，準備驚豔全場。走進去後，卻被眼前景象嚇了一跳。

會議室共有二十五人，不僅比我想像得多，讓人訝異的是沒有半個投資人或買家，全部都是實地查核專員（due-diligence analysts）。我搖了搖頭，實在不敢相信。

顧名思義，實地查核專員的工作就是根據事實和數字分析、評估提案。說穿了，這些人都是靠新皮質吃飯，也是最為難搞的提案對象，因為他們的能力就是不受情緒左右，奉行有幾分事實說幾分話。想像一下，你面前坐了一群衣冠楚楚的機器人，專門針對你的一言一行找碴。光是應付一個機器人就有得受了，更何況是同時面對二十五個，況且還沒半個人有決策權限。這恐怕是我遇過最可怕的聽眾了。

會議室內桌椅排成馬蹄型，儘管我滿懷不安，依然走進了馬蹄的中央，發給每人一本五十六頁的精美提案企畫書。

企畫書內簡要說明「拆分法」（bifurcation）這項新型金融操作方式的邏輯，可以大幅提升利潤。這些分析師一邊研讀企畫書，我一邊正式開始簡報。我自認表現得可圈可點，但簡報內容都是多巴胺，缺少了去甲腎上腺素。也就是說，**提出了許多獲利保證，卻沒有任何壓迫感**。我一度抬頭偷瞄這些查核專員，期待看到他們滿臉笑容、聽到他們提出一連串問題。豈料，迎接我的只有一張張冷冰冰的面孔，全都沉默不語，連一個問題都沒有，活像二十五尊混凝土雕像。我簡報時從沒碰過一片死寂的聽眾，一次都沒有！但這並不代表對方真的無法親近，只是擁有強大的分析師框架，外界難以撼動。

我說：「各位，既然你們沒有問題要問我，那我就把企畫書收回來了。」我開始沿著座位移動，輕輕收回他們手中的企畫書，有時候得用點力才拿得回來。這時，我已了然於胸：我的大獎框架奏效了。他們一看到機會即將溜走，就開始拋出一個個問題。接下來的兩年內，我跟這些客戶敲定的交易總值超過五百萬美元。

想要維持客戶的注意力，就必須營造壓迫感（屬低強度衝突）來主導互動。假使沒任何衝突，對方可能表面上客氣地「聆聽」，卻無法產生真正的共鳴：「這人平易近人，點子也不錯，但現在我有其他事情要操心。」

這其實是有無信心的問題。我以前會不敢給人壓迫感，擔心自己惹得客戶不愉快。當然，你和客戶開心達成共識時，當下的心情想必很美妙，心想：「真是一拍即合。」但假使時間一拖長又沒有節制，就會顯得十分無聊。最後，客戶只會起身說：「感覺不錯。」說完就離開了。他們多少希望有點挑戰，不想只有簡單的答案。

過去我有些重要提案以失敗收場，若要歸諸於一項原因，那就是我和對方都表現得客客氣氣、相敬如賓，缺乏任何衝突或壓迫感。衝突是人際互動升溫的基礎。

身為生意人，我們集思廣益是找出解決問題的辦法，不是要讚歎已有人解決的問題。若你沒提出一連串難題給客戶克服（推／拉交錯和壓迫感循環）就缺乏故事力。

所謂簡報或提案的故事力，就像是接二連三的壓迫感迴圈，先「推」再「拉」，創造壓迫感，最後再加以弭平。

你和客戶間的氣氛沒有半點壓迫感，就不攸關任何人的利益，客戶也沒對案子投入任何情感。換句話說，客戶不大在乎話術、動機或你離開後的死活，只要不去施加壓迫感，對方就不必專注於簡報的故事結構。

Pitch的核心

一旦你引起欲望和壓迫感、取得注意力後，就準備進入提案的核心了。但記得要快刀斬亂麻，因為多巴胺和去甲腎上腺素在對方大腦中的交互作用，頂多只會持續幾分鐘。如前所述，不管你說得再口沫橫飛，對方的欲望終究會變成恐懼，現場的壓迫感也會變成焦慮。

簡短版提案最大的問題，就是挑選想引起關注的細節——不外乎取捨兩字。由於需要提供具體案例，我覺得把主題聚焦在出售公司或籌措資金，應該比較容易討論。一來是我在資本市場打滾了十五年，對於這類交易最為熟悉；二來，這些市場多得是實驗的機會，數據資料和意見回饋都容易取得。我已整理出一套方法。

其實，描述提案的核心時要簡潔俐落，也得了解自己腦袋的認知，不等於客戶腦袋的認知。我在第一章提過，必須以鱷魚腦為目標來包裝資訊：宏觀思考、高度對比、視覺呈現、注入新奇感並佐以實證。

欲投入大把時間修改簡報精華之前，記得先檢查檢核清單（稍後將分點詳述），確定納入多數提案都有的要項。**這些都是必要條件，缺一不可**。基本資料備齊後，才能上場表現。

首先要認清一個事實：就算你把企畫案濃縮成超讚的重點摘要或電梯簡報，到頭來依然可能一敗塗地。此階段的重點並不是要精彩地整理、呈現資訊。你不同意嗎？我們不需要多厲害的資訊架構理論，一切回歸基本內容即可；我們需要的是在簡報時，客戶不會忙著分析細節。

至於要如何挑選提案重點才能讓好點子達陣，我都會先從「預算與開銷」說起，因為很多人都搞砸這個展現獨特之處的機會。

簡報的數據和財測

戈頓．貝爾（Gordon Bell）在《高科技創投》（*High Tech Ventures*）一書寫道：「新創企業通常會提出過度樂觀又野心太大的計畫，成功機率微乎其微，只是為了最大化該企業在外界眼中的價值。」無論是針對產品或公司的財測，都應該要回答以下基本問題：公司體質有多強韌？倘若計畫趕不上變化，公司有無足夠現金撐過幾季的低迷景氣？你是否曉得如何妥善分配預算？

然而針對這些問題，有一點提醒：經驗老道的買家和投資人，都曉得你會做這兩件事：

- 表示目前開銷只是「保守估計」
- 準備過度樂觀、野心太大的計畫

舉例來說，在投資人眼中，每張估價表長得都一樣，尾端預估成本都會飆高，只透露一件事：我們現在就要一大筆錢，總有一天會賺回來。（有時確實如此，但通常沒這麼幸運。）對於成長中的公司（尤其是新創企業）來說，不切實際的預算和錯估的成本是最大的風險。你要怎麼應付客戶對案子提出的質疑呢？**充分展現你規畫預算的能力，這是既困難又受看**

重的主管級才能。請勿花時間練習預測收益的能力——這件事就連笨蛋也會做。

競爭對手

你跟客戶說明開銷後，對方自然會好奇，這點子在市場上的對手是誰？這個問題相當合理，千萬不能忽略。你的點子是否具吸引力，取決於產業類別和競爭多寡。然而，很少有人能充分描述他們面臨的競爭環境。我們一定要說清楚、講明白。以下是關於競爭對手的兩個主要問題：

一、新的競爭對手想搶生意容易嗎？

二、顧客變心改買別家產品容易嗎？

獨門祕方

為了避免讓人覺得你的點子只是曇花一現，起初成績亮眼，但很快就被消費者遺忘。你得說明自己的競爭優勢何在，也就是提供你持久戰力的基礎。幾乎在每個簡報場合中，你都需要與眾不同的長處，我先姑且稱之為「獨門祕方」（secret source），也就是讓你得以贏過對手的「不公平優勢」（unfair advantage）。

此階段不必說得天花亂墜，頂多撥十分鐘描述好點子的基本功用。因為你得用最後五分鐘提出合作條件，啟動框架疊加。

你覺得自己不需要講這麼快嗎？想花一小時悠哉地簡報？許多人都不相信注意力有其限度，自認講久一些也無妨。我認識的一位投資銀行家就誇口：「就算我拿本電話簿唸一個鐘頭，別人也會專心聆聽。」難道科學證據搞錯了嗎？我們應該完全拋棄多巴胺和去甲腎上腺素合作的觀念嗎？

以諧星傑瑞・賽菲德（Jerry Seinfeld）當例子。他的電影《美國喜劇之王》（*Comedian*）揭露了喜劇演員這行的幕後甘苦。電影中，賽菲德提到面對觀眾的困難。賽菲德是當今聲名大噪的演員。當然，克里斯・洛克（Chris Rock）、戴夫・查普爾（Dave Chappelle）和羅賓・威廉斯（Robin Williams）也都紅遍半邊天，但賽菲德絕對是箇中翹楚。

賽菲德表示，每次上台要實驗新的搞笑哏時，其實沒大家想像中容易。無論他站上哪裡的舞台，就算是默默無聞的小鎮，觀眾都認得出他這位當代最富盛名的演員，光是電視節目收入就超過十億美元。可以見到這麼爆笑的當紅演員，人們自然是興奮不已，**但興奮感並不持久**。

「一開始大概三分鐘，我說什麼他們都聽得進去，」賽菲德說，「但之後注意力很容易就快速渙散，我也無可奈何。三分鐘一過，我跟其他喜劇演員根本沒兩樣，才短短的三分鐘而已喔。」

事情還不只如此。賽菲德之所以曉得三分鐘的限制，是因為他花了足足一個月準備工作，才能生出三分鐘的橋段。他第一次巡迴演出時，就準備好這麼多素材而已，不多不少，就三分鐘。他得多花好幾個月絞盡腦汁，才能生出二十分鐘的素材，可以維持觀眾的注意力。這點很值得我們深思：這位放眼全球都算家喻戶曉的演員，居然也要花上數個月構思二十分鐘的橋段；而且當他站上台時，一般觀眾只會認真聽他搞笑三分鐘，之後的笑點要是不夠勁爆，觀眾就會心生不滿。

因此，我們在考慮簡報長短的問題時，可以想想傑瑞・賽菲爾，就不難理解為何簡報的時間寶貴。聽眾聽你說話能聽多久而不覺無聊？說不定，真有人能連續簡報一小時（正常人注意力極限的三倍），內容都跟朗讀電話簿一樣無聊。果真如此的話，那人的聰明才智和魅力，絕對遠遠超過賽菲德和其他明星。

第三階段：提出合作條件

提案的第三階段，只要做好一件事：清楚跟客戶說明雙方合作可帶來的好處。有鑑於時間寶貴，你得迅速交代完合作條件——再回去鞏固自我框架。

務必要清楚扼要地說明給予客戶的承諾、實現的時間和方法。假使客戶也會參與其中，就要交代對方的角色和責任。切勿著墨於一大堆細節，點出必須知道的重點即可，這樣客戶心中才有完整的概念。

無論你推銷的是產品、服務、投資案、抽象事物或無形資產，都有所謂的執行時程。因此務必好好解釋給客戶聽。

不過簡短歸簡短，宏觀的具體內容仍不能少，客戶才會曉得最後得到了何種收穫。然後別忘了，整場提案中，你才是最重要的資產。

CHAPTER 5

框架疊加和熱認知

Frame Stacking and Hot Cognitions

前一章中，我介紹了提案的前三個階段。截至目前，你掌握客戶的注意力也有一段時間了，對方也曉得基本資訊：你的身分、點子為何重要、背後原理和致勝「獨門祕方」，還有握手成交會得到的好處。但你的任務可不只這樣而已。這是正式的提案，你真正的目的是敲定交易。如今，你只剩約五分鐘提出具體可行的方案——必須亮眼出色到讓客戶想追著你跑才行。

歡迎來到最後的階段。

第四階段：框架疊加和熱認知

我在幫許多案子籌措資金的過程中，發覺投資人並不會全然冷靜理性地分析數字。這是當然，難不成坐在你對面的是分析機器人嗎？

客戶可能在知道細節前，就對你的提案產生好感（或反感），說不定在了解具體內容前就能決定要不要合作。**這就是「熱認知」的作用，讓你還沒徹底搞懂某件事前就先有好感。**

多年來，我們都聽信經理、顧問、銀行家和財經學者的主張，認為談生意首重分析和理性，以及每項決策都有三個井然有序的階段：找出問題、檢視解決辦法、做出決策。這個信念確實有其道理，理想的經濟環境也應如此。實際上，假使你拿出一張白紙自問：「我應該怎麼做決定呢？」相信大抵也會採取上述方式：研究、分析再決定。若我們都像機器人般思考、行為都符合理性經濟學家的期待，這種決策方法就會有用。但我們畢竟不是機器人，所以當然不會有用。值得玩味的是，我們做決定時往往認為自己「已深思熟慮」，或「已進行決策分析」，自詡為聰明、謹慎又理性的決策人士。

然而，決策過程中，我們其實很少在分析，或者根本沒在分析，而是跟著直覺行事。知名經理人傑克・威爾許（Jack Welch）那本自傳的副書名最後底定為「肺腑之言」（*Straight from the Gut*），而非「縝密分析」（*Intense Analysis*）。金融大師喬治・索羅斯（George Soros）打算在新版《金融煉金術》（*The Alchemy of Finance*）中，納入心理學家芙拉維亞・辛伯莉絲塔（Flavia Cymbalista）的研究，主張影響我們決策的不是腦袋，而是身體機能。

我們人類有一大面向不但在機器人身上找不到，經濟學家老愛掛在嘴邊的「理性經濟人」身上也沒有。我們的身體「認得」日常生活的情境，也曉得適當的應對方式。

*Wired*雜誌刊登過一篇挑釁意味濃厚的文章，標題為〈大腦掃描揭密：大腦決策搶先你一步〉（*Brain Scanner Can See Your Decisions Before You Make Them*），文章第一行寫道：「你以為是自己挑這則報導來讀的嗎？其實，早在你意識到之前，大腦就幫你做好決定了。」報導引述德國馬克斯普朗克協會（Max Planck Institute）神經科學家約翰—迪倫．海恩斯（John-Dylan Haynes）的研究，海恩斯表示：「你的決定由大腦活動左右。在你意識到決定時，大腦早完成了大部分的工作。」

根據大腦活動的軌跡，他能準確預測受試者最後用左手或右手按鈕——平均過了七秒後，受試者才察覺自己做出了選擇。現在，你仍然認為決定是基於自我意識嗎？換句話說，你認為自己是理性思考後才做決定的嗎？抱持此看法的人愈來愈少了。

喜歡或討厭？熱認知決定

一般人交友、選擇職涯或週末觀賞運動賽事，都不是仔細分析選項優劣的結果。假如我們稍微思考一下，多數重大決定都不是基於冷靜的評估與分析，而是**熱認知**在主導。我們很快就會發覺，生活中極少有決定不是「熱的」。

在絕大多數情形下，我們針對不同選項所蒐集的資料，其實不是用來做決定的基準，而是用來**合理化我們的決定**。我們買自己「喜歡」的車子，選擇「誘人」的工作和房子，再拿事實和理由來捍衛自己的選擇。「為何做這筆生意？」或「為何要砸錢投資？」我們不需要事實和理由來說服自己。我們深知自己的喜好。**即使真的採取理性步驟，——羅列優缺點，弱勢評估結果跟期待相左，我們就會回頭修改，直到符合自身喜好為止。**

假使索羅斯成立量子基金（Quantum Fund）之初，你就投資了一千美元，現在就會坐擁四百萬美元了。不過，索羅斯出了名的善變，常常改變投資策略（動輒牽動數億美元的金流），有時單純是因為他背痛，或身體其他部位發出了警訊。

辛伯莉絲塔長期研究索羅斯和金融決策過程後，寫下這段文字：「這件事聽起來可能很玄，但人類思維常受到身體壓迫感主導。金融人士需要懂得區隔、辨認這些身體警訊，進而分析當前遇到的市場問題。無庸置疑的是，索羅斯懂得結合理論和直覺來賺錢。」

索羅斯的背痛決策哲學，正好呼應心理學家傑羅姆．布魯納（Jerome Bruner）的研究。布魯納主張：「認知功能有兩種模型，又稱兩種思維，各自以獨特方式統整經驗、建構現實。」他說，其中一種「建構現實」的方式稱為「典範模式」（姑且可當成偵探模式）。客戶的思維若處於這個模式，就會用「嚴謹推理、縝密邏輯和實證觀察」來分析簡報內容。換句話說，你提供的資訊會被仔細地剖析。假使你讓聽眾進入這個思維模式，他就會設法找個判斷標準來解讀你這個人。此時，**聽眾或客戶只會做一件事：努力分析。不論提出再好的創意、財測和推論，只懂理性分析的他們都會選擇無視，唯有鐵打的事實才重要。**

我們在提案時，千萬別想去刺激新皮質，也絕不能讓客戶進入典範思維模式。此時，我們不可讓對方針對數據做量化分析。當然，這些數字會經得起檢視，我們也不怕壓力測試，但在開始不帶情感的分析之前，得先牢牢奠定彼此的關係才行。

喚起熱認知

為了避免對方不帶任何情感，就對我們或提案做出冷冰冰的理性判斷，我們必須藉由框架疊加來喚起熱認知。我當初之所以習得這項技巧，可說純屬巧合。

框架疊加技巧

我的工作有部分是跟人合夥購買「違約債」，也就是高風險債務，屬於殘酷賭局的一種，不是大發利市，就是慘賠收場。二〇〇八年到二〇一〇年間，合夥人的交易總額就達到約兩億五千萬美元。不過在這一行，兩億五千萬美元只是小菜一碟，君不見許多對沖基金動輒數十億美元，遑論我們合作的那些華爾街金融巨擘，像是花旗集團、高盛集團（Goldman Sachs）和摩根投信（JP Morgan）。我們的成功是靠著提高警覺，快速達成兩千萬至五千萬美元的交易打游擊，活像在象群裡奔跑的瞪羚。在這場賭局中，假使你發覺頭上將有巨人的大腳落下，請毫不猶豫地拔腿就跑，因為要是被摩根、大通銀行（Chase Manhattan）、高盛等金融鉅子踩個正著，他們不痛不癢，但你絕對會痛得哇哇叫。

二〇〇八年六月，金融市場剛開始經歷恐慌崩盤，直到二〇〇九年才探底回升。我們都曉得景氣很差，但不曉得會差到什麼地步。鳳凰城的房地產市場一度單月下跌百分之九；道瓊工業指數每天上下震盪一百點；華爾街的交易員都知道，身處這種劇烈的變動之中，凡事小心為上，因為走錯一步就可能踩到地雷、被炸得體無完膚。

購買不良資產聽起來很簡單。畢竟，整體市場崩盤，人人都恨不得把套牢的資產脫手。那陣子，我在跟某家知名貨幣中心銀行的交易專櫃談案子，需要聽聽別人的意見，因此打電話給同事麥可。他對於這類交易案的經驗豐富，況且多方蒐集看法總是好事。我當時覺得價格太高，不確定要不要繼續這筆交易。

某星期三晚上，我正忙著加班，電話突然響起。對方來頭不小，是華爾街一家大銀行的交易員，這是他打來的第五通電話了。我的鱷魚腦立即發出警訊，這家市值三千億美元的銀行，為何對我死纏爛打？市場上理應有比我更適合的買家吧？但我跟那位交易員聊開後，便發覺他並非用傳統的方法在推銷。

「歐倫，只要敲定這個案子的話，大家都會看好你的成交能力，我到時會把你介紹給我們的資深交易員約翰・金凱德（John Kincaid）。」那位賣家接著說，「他跟你一樣，也是狂人一枚。你們絕對會一拍即合，他會帶你參與我拿不到的大案子。」

這是**熱認知第一步：吊胃口**。我當時的確很想認識那位資深交易員，也想參與大案子。

電話那頭繼續說：「你知道市場現在熱絡得很，法國、英國、南非的客戶都巴不得我給他們這個案子，但如果你認真起來，不要搞什麼重新議價的花招，就能拿到門票囉。」他這番話沒錯，市場的確很火熱，那些人全都參與其中。

這是**熱認知第二步：祭出大獎**。儘管我才是買家，他卻要我證明自己夠格，我聽了只想爭取他的認可，獲得拿下此案的機會。

他又說道：「我很想讓你考慮到下禮拜，但是當前市場並不容許太多時間，你這星期五就做最後決定。想拒絕我也可以，不用有壓力，但星期五就是最後期限。」

這是**熱認知第三步：時間框架**。對方提供不長不短的時間，讓我以為自己保有自由意志。這並不算時間壓力，而是合理的時間限制。最後，還是得由我自己決定。

他繼續說：「我應該不必提醒你吧。我們今年交易額已有一千五百億美元，卻沒有接到證交委員會的任何裁罰。現在，我們只在意保住名聲，非常挑交易對象。我們凡事都要做到最好，所以不要耍花招，不要故意搞錯匯款號碼，一切透明公開。我們開的價格很合理了，就這麼簡單。你可以遵守遊戲規則嗎？」

這是**熱認知第四步：道德權威**。我要他放心，雖然敝公司規模不大，只是位於聖地牙哥近郊市值兩億五千萬美元的小咖，但遊戲規則我當然懂，也可以把事給做好。

從頭到尾，我都不覺得他在跟我推銷。他接連拋出四個框架，打亂了我平時談生意的流程。這位華爾街交易員完美示範了框架疊加技巧：我先是被吊胃口，又努力想爭取他的青睞，接著被他關到緊密的時間框架中，卻沒感受到任何壓力，還拚命想證明自己的道德價值。我儼然成為他的傀儡。身體內建的冷冰冰分析決策機制不只被擾亂，還徹底遭到強迫關閉。我的新皮質出現短路，鱷魚腦則快樂又平靜地在認知泥巴中打滾。我打算簽下這項合作案了。隔天，我回電給那位交易員說：「把文件寄來吧。算我一份！」

這套推銷話術確實說服了我；說巧不巧，這招也對麥可有用。

麥可不久打電話來，誇口說自己敲定這筆生意了——還是硬生生從我手中把案子搶了過去。真是謝天謝地，因為兩年後，他的投資仍虧本百分之十五，等於每天都在賠錢。他搶到案子但下場慘烈。但我卻從中得利：學到了**四種框架疊加技巧，可以有效刺激客戶的熱認知**。

數年後，我發現這項技巧在提案時很好用，對我和客戶來說也處處是樂趣，充滿衝勁、情感張力且節奏明快。只要客戶開始理性分析時，就換這四種框架輪番上陣了。

你只要運用在第二章學到的那些框架，就能實踐這項技巧，關鍵在於如何逐一疊加來喚起熱認知；換句話說，就是引發認知心理學家所謂的「渴望」（wanting）。

確切來說，我們不是要對方「喜歡」我們，因為學著去「喜歡」事物屬於新皮質的工作，是緩慢又耗腦力的過程。這不是我們管得著的。我們只要能刺激熱認知的高強度框架，運用疊加技巧確保對方的鱷魚腦渴望接近我們——甚至追著我們跑，只為了得到案子。事不宜遲，現在就來示範。

以下是我們要快速疊加的四種框架（一旦正確運用這項技巧，旋即就會進入簡報最後環節——引人上鉤）：

- 熱認知第一步：吊胃口框架
- 熱認知第二步：大獎框架

- 熱認知第三步：時間框架
- 熱認知第四步：道德權威框架

熱認知第一步：吊胃口框架

第二章中，我們談及框架導向的簡報理論，介紹了吊胃口框架，現在要正式派上用場了，目的是讓大量多巴胺進入客戶的鱷魚腦，進而引起欲望。我的方法是提出對方絕對想要但還得不到的東西。

以下是我最近簡報所使用的吊胃口框架。當時，我已提出合作條件，對方卻隨即丟出許多技術層面的問題。

「各位，我們別把最後幾分鐘花在討論財務細節，先來決定你們喜不喜歡這個案子的基本樣貌。假使你們真的喜歡的話，就一定要認識我的夥伴約書亞了，」我說，「這傢伙很有意思，非常優秀但是個怪咖。」

我看得出來這番話引起他們的注意力了。這招屢試不爽，大家都愛聽怪咖的故事。

「去年市場還起起伏伏，我手上有個一千萬美元左右的小案子，」我說，「這筆金額不大，成交似乎並不困難，我是唯一的負責人。一切本來進行得很順利，直到有天銀行打電話來，居然要在關鍵時刻撤資，一句解釋也沒有，就這麼跑了，導致我們有了三百萬美元的資金缺口，整個案子急轉直下。事情來得太過突然，公司董事會要是發現我搞砸了，肯定會馬上叫我走人。我知道只有約書亞救得了我。」

在場聽眾愈來愈專注，想知道問題最後怎麼解決？約書亞究竟是何方神聖？我完全吊盡了他們的胃口。

「約書亞問我：『歐倫，這案子優不優？』我說：『當然優，我跟你說明一下。』但是他根本沒空聽我說，就直接跑去吃午餐，連求情的時間都不給我。怎麼辦呢？我自身難保，還有一群投資人等著我救。我得設法說服約書亞，幫我挽回當前的局面。他這老兄卻只想吃午餐，我心想完蛋了，此時居然接到董事會來電，他們莫名得到三百萬美元。原來是約書亞一邊吃著壽司、一邊用黑莓機匯過去的。他沒要我簽下任何保證協議，甚至也沒要求看任何文件。多虧他匯了那筆錢，否則我的投資人就賠大了，我的名譽也會掃地。重點是，約書亞常常做這種事，你們見到他本人就會明白！」

這就是客戶愛聽的故事。這位神祕人物約書亞是誰？要怎麼認識他？這故事之所以吸引人，因為不只交代**發生什麼事**，這樣就太無聊了。真正重要的是**故事中的人物和他們的反應**。沒人想聽你報流水帳，而是想聽到誰被迫行動、進而克服難關。想想客戶**為何要坐在對面聽你簡報**，就會明白吊胃口框架的道理。

客戶抽空跟你見面，是想認識新領域，學習新奇有趣的事物，跟一些才華洋溢、鬼點子多的人來往。

對方想知道你面對逆境如何自處，來決定要不要跟你做生意。光是說自己「待人親切」毫無用處，這個事實背後沒故事支持。大家會好奇的是你曾面臨哪些難題、如何加以克服，想聽聽反映你真實性格的故事，也想知道你為了跨越障礙所做的犧牲，以及有哪些好玩的夥伴跟你一同打拚。

布魯納認為，這類故事讓客戶進入故事思維（narrative thinking）模式。若處於這種模式中，我們會透過發生的事來理解現實，看到「有血有肉的人，長時間努力想闖出一番事業」。從這麼簡單的一句話，我們可以獲得一項重要的洞見：好點子只是抽象的概念。請捫心自問，你的點子究竟是什麼？充其量就是一大疊財務資料、時程、客戶訂單、行銷計畫、網站和一些聰穎新奇的觀念，也許再加上財測、資訊科技、市場競爭分析和進出市場時機。這類資訊實在太空泛了。

> 客戶的大腦討厭抽象概念。所有抽象概念都會送到新皮質，進行緩慢又辛苦地分析。

因此，你需要用人情故事（human narrative）當作類比說明，就不必送到新皮質處理。約書亞的故事在現實生活中上演，裡頭全是活生生的角色，其中的人情元素能引起對方共鳴。

為何吊胃口框架最好包裝成故事呢？以下是客戶用鱷魚腦解讀故事的方式。

在故事模式中，鱷魚腦看到真實人物面臨現實生活的困難，具有合理的時間尺度。鱷魚腦多少能確認這些事件，因為很容易就能想起過去的經驗，也呼應自身對於世界的理解。假如你的故事發展，客戶聽來覺得可信，就會認定為真實。**引人共鳴的故事，可逐漸帶來強烈的真實與準確感。**

相較之下，事實和數字就缺乏這類內建機制，無法讓人有真實的感受。若我們只呈現事實和數字，只會觸發典範思維模式，促使客戶運用邏輯而非想像、智力而非情感、理論而非故事。你一定不會希望對方採取這種思維。**敘說簡短又深刻的故事，其中人物又能克服真實世界的難題，才能喚起熱認知——成功讓客戶脫離只重分析的典範思維模式。**

你可以套用以下基礎範本，建構吊胃口框架。

吊胃口框架的故事結構

無論任何故事，包括小說或非小說，都需要清楚的結構。吊胃口框架也是如此。缺乏結構的故事，情節會顯得漫無目的、枯燥乏味。以下範例提供了故事的發展曲線，結尾還能夠吊人胃口。

- 把某人丟到叢林裡
- 讓他遭到怪物攻擊
- 他能夠逃離險境嗎？

困在叢林裡顯然是逆境的比喻，遭受怪物攻擊則象徵衝突和壓迫感。這些是該角色面臨的問題，也是他開始逃往安全之處的動力。一旦他逃離叢林，壓迫感就消失了，故事曲線也完成了。因此，只要你想利用吊胃口框架，就盡可能拖長該角色逃離險境的時間。這個故事曲線能讓對方經歷強烈的情緒起伏，期間充滿了衝突與壓迫感，如此才能刺激熱認知。

故事背景無須設為極端情境，但人物的情緒張力至少要飽滿，這才是好故事的必要條件。為何要運用這個結構範本？逃出叢林的範本迫使你在說故事時，情節生動又充滿人味，你在真實世界的作為，在在反映了企圖心、韌性、自信和合乎現實。

人們在聽你的故事時，真正感興趣的不是發生什麼事，而是你在該情境中採取的行動。故事中的情緒感染力，來自人物勇於面對困難、想方設法克服障礙。

以下再舉另一個例子，運用引人入勝的故事，建構出吊胃口框架。這是某位好萊塢編劇教我的技巧，叫作「定時炸彈」（ticking time bomb）：

把某人丟到叢林裡

不久前，我手上有個一千八百萬美元的案子，我要負責向投資人募得六百四十萬美元（其他資金會由銀行補足）。花了約十天的時間奔走，好不容易得到各方承諾，籌到了這筆款項。豈料，結案前三天，發生了一件出乎意料的事。

讓他遭到怪物攻擊

其中一位投資人傑夫．雅克伯斯（Jeff Jacobs）搞失蹤。他不親自簽名，銀行就無法匯款，我就沒辦法敲定交易。那天是星期五下午，價值一千八百萬美元的案子岌岌可危，我已經做好最壞的打算：也許他沉到馬里布泳池底下，胸口抱著一袋磚頭，手握遺書，寫著「永別了，這個人吃人的世界」。我整個週末都在找他，但他形同人間蒸發。到了星期一早上，我只剩不到八小時可以找傑夫，不然就要設法生出他那筆錢。我的每支電話都響個不停，其他投資人、銀行、賣家和合夥人都在找我，火氣一個比一個大。

他能夠逃離險境嗎？

我坐在電腦前，開始寄電子郵件給同行的顧問和業務，只要有人能給我雅克伯斯的任何消息，我就提供一千美元的報酬。終於，有人傳給我一個地址和一個電話，我立刻撥了過去，接電話的是一名女子，令人慶幸的是，她就是雅克伯斯太太。

「妳是他的太太嗎？」我問。

「是啊，我就是。」她說。

我興奮難耐。「雅克伯斯太太，很高興聯絡上妳。」我對她說，「可以麻煩妳代替妳先生簽些匯款文件嗎？銀行說配偶可以代簽，妳要是能幫忙就太感謝了，就算要我（開車到棕櫚泉市）登門拜訪也可以。」

「噢，你的意思是這可以幫到傑夫嗎？」她親切地說。

「是的！」我說。

「嗯，我是很願意幫你的忙啦……」

我插話說：「太好了！」

然後換她打斷我：「但是我跟那沒良心的傢伙已經分居十一年了，我寧願下地獄也不幫他代簽東西。」

我一聽到這番話，馬上拋下一切，搭機前往棕櫚泉市。

••••

這是很重要的步驟，也是吊胃口框架故事範本的第四步：**讓他接近叢林邊緣，卻不讓他逃出叢林**。換句話說，故事到了最後懸而未決。

為了繼續吊聽眾胃口，讓他們保持情緒高亢，我沒把故事說完（雖然結局真的很精彩，但絕對要擺到最後一刻才交代），直接進入接下來的大獎框架。

熱認知第二步：大獎框架

正如第二章所提，大獎框架是把自己定位成案子中最有價值的一方，而非談判桌對面的客戶。成功祭出大獎，就能**翻轉當前框架**。雖然你是提案的人，但客戶會追著你跑，努力贏得你的關注。

有個很簡單的案例足以說明大獎框架。某次，我前往加州聖塔菲市海倫伍沃德動物收容中心（Helen Woodward Animal Shelter），那是我人生中少數幾次驚覺自己的權力框架被擾亂、地位不保，眼睜睜看著框架被翻轉。一走進動物收容中心，我就抱持典型的英雄框架，彷彿在宣示：「我來這裡是要拯救一隻被拋棄的流浪狗。」深得我心的狗兒就會贏得大獎：不但能搬來跟我一起住，還終生獲得免費的食物和醫療照護。沒多久，我就找到中意的狗兒，準備支付相關費用、完成任務，心想名字叫做小花好像不錯……但事情沒這麼簡單。

「這位先生，不好意思。」

說話的是「領養輔導員」，看起來二十多歲。假如她是我妹的話，我會建議她少用點髮膠、別擦紫色的亮粉眼影。

「請問您居家環境如何呢？」她問道，「家中有小朋友嗎？從事什麼工作呢？如果您的後院不夠大，我們不建議領養這隻狗狗。另外，您去上班後，誰會照顧狗狗呢？我們需要照顧人的電話號碼，還有就是，您的收入大概多少？」

這真的太扯了。眼前二十三歲的志工，頭髮挑染成粉紅色，正在說我可能不適合當這隻流浪狗的飼主。我的英雄框架立刻粉碎，忙不迭地幫自己說話，舉出許多例子，想證明我真的是最佳人選。

我回答了她所有的問題。只要她點頭同意，我就要支付費用、帶狗回家了。等等！接下來還得填寫申請表，幾小時後再回來看是否核准通過。當初，我以英雄的姿態走進來，現在卻變成卑微的可憐蟲，只求對方視我為夠格的善良公民，好領養這隻遭人拋棄的流浪狗（雖然還不曉得牠大小便習慣如何）。我變成了商品，小花則是大獎。收容中心徹底翻轉了框架。

接著會繼續用大獎框架當例子。由於我的工作就是提案，因此先詳細說明一則案例，再提供通用的範本，讓你發展自己的大獎框架。以下內容適用於簡報尾聲：

「各位，很高興今天有空來貴公司提案。老實說，我並沒有太多機會見到買家本人。雖然聊得很愉快，但是我差不多該收尾了，等等還得趕去開另一個會。我們整個團隊都很忙，這類案子又屬少數。由我負責的就更不用說了。我的運氣不錯，很多人都要找我，所以我一向謹慎挑選合作的投資人。進一步討論之前，我需要先了解各位真正的來歷。對了，我們手上有你們的經歷，也曉得你們的名聲。不過對於參與案子的對象，再怎麼小心都不為過。況且我還要介紹你們認識約書亞，他一定想知道，為什麼我會推薦跟你們合作。所以麻煩告訴我，**為什麼我應該選擇與各位共事呢？**」

這番話裡埋了哪些技巧呢？我運用了大獎框架，基本要素包括：

一、我的提案在市場上數一數二。
二、我對合作對象挑三揀四。
三、我們好像可以合作，但我必須更了解你。
四、麻煩給我一些關於你的資料。

五、我還需要釐清我們是否能合作愉快、當好生意夥伴。
六、上次的合夥人對你有什麼看法？
七、案子出包時，你會怎麼處理？
八、我現在的合夥人很挑剔。

大獎框架就是一種熱認知，告訴對方的鱷魚腦：你沒在死纏爛打，也不會搖尾乞憐。社會心理學家羅伯特·翟安（Robert Zajonc）在《美國心理學家》（*The American Psychologist*）中，說明了熱認知等情緒體驗的重要性。舉例來說，他認為我們不必知道別人是否清楚表態「你是朋友」或「你是仇人」。真正要知道的是對方的語氣是喜愛還是輕蔑。「朋友」或「仇人」只是「冷」訊息，並不重要。喜愛或輕蔑才是「熱」訊息。研究人員發現，熱訊息的資訊密度高出二十二倍。

跟其他框架不同的是，大獎框架極為仰賴個人信念的強度。先前的範本中，我只是提供大獎框架的外在心法，也就是你對客戶說的話。然而，大獎框架不只是基於你說了什麼話，還攸關你內在的認知。以下是內在的範本，也就是你對自己說的話，以完整建構大獎框架：

我就是大獎。
你要努力來取悅我。
你要贏得我的肯定。

久而久之，熟能生巧之後，你就會逐漸明白大獎框架不靠表面的話語和解釋，端視你對何者是大獎的信念有多強。

熱認知第三步：時間框架

我有次向波音公司推銷一個叫 Geomark 的案子，搬出了以下的時間框架：

「各位好，Geomark 是很棒的案子。你們就別裝模作樣了，我知道你們都同意，想想我們的處境好了。我們來貴公司總部開第三次會了。現在你們的團隊有四位波音主管、三位工程師和兩位顧問。大家為什麼會聚在這裡呢？因為你們很中意這個案子。其實這並不意外，大家都曉得這個案子很搶手，雖然我從來沒拿這點給各位壓力，但也請不要忽略這個事實。總之，我們必須下星期就做出決定。為什麼只有一星期呢？時限非我所能掌控，一切都端看市場的運作，這是血淋淋的事實，我們必須在七月十八號以前，決定你們要不要加入。」

過去一百年來，早有許多研究探討時間對於決策的影響，對於人性的發現至今都沒改變：幾無例外的是，**對決策本身施加時間壓力，會降低決策品質**。舉例來說，假如你在賣車時向顧客說促銷今天結束，勢必會提升對方買車的機率。為何這招屢試不爽呢？**因為大腦內建了匱乏偏見，想到可能錯過促銷，就會引發恐懼**。不過，只因這招有效，不代表我就推薦各位使用。我們並不想用一九八〇年代的廉價銷售噱頭，來玷污我們的案子，而是希望客戶把我們當成專業人士、打從心底信任我們。所以，我通常不太會給予時間壓力；時間壓力過大，給人很牽強的感覺。但話說回來，時間是每個案子的重要因素。你得在公平和壓力之間拿捏平衡，訂下真正合適的時限。

以下是你可以套用的時間框架範本：

「各位，沒人喜歡承受時間壓力。我不喜歡，你也不喜歡，大家都不喜歡。不過，經得起檢視的好案子就像一列火車，或者該說是交易列車，到站停下來等投資人上車，也有固定的離站時間；時間到了，列車就得駛離車站。」

「你們有很多時間決定欣不欣賞我、要不要做這筆生意。如果你們不喜歡，沒有人能強迫你們。這點大家都很清楚。」

「但是，這個案子不會等我或你或任何一個人，怎麼樣都會繼續下去，它有自己的要徑（critical path）⑦和時程，所以我們得在十五號就決定。」

就這麼簡單，無須多說什麼。藉由這個簡單範本，時限已設定好了。你不必把時間壓力講得太白，在場的人都會懂火車在特定時間要離站的比喻。

熱認知第四步：道德權威框架

熱認知思維的先驅羅伯特．翟安寫道：「我們無時無刻不在打量彼此，還有彼此的行為、動機和行為的後果。」當然，這就是疊加框架的關鍵原因。既然我們一言一行都會被檢視，不如取得自己想要的評價，這就是翟安所說的引發「渴望」。

因此，儘管人們很容易就太看重財務細節的說明，或一心想找示範產品的最佳方法，提案的核心其實是努力喚起對方的渴望。當然，簡報是否有用，可能受其他因素左右，但最重要的還是引發渴望。要如何辦到呢？想挑起客戶內心的欲望，進而引誘客戶上鉤，簡報時就得運用熱認知帶出這些情緒。

對方鱷魚腦出現渴望之前，你提供的一切資訊多半遭無視，或無法留下深刻的印象。

如今，我們已討論完大獎框架、吊胃口框架和時間框架，以及各自的用途。以下再舉另一個例子，加深你對框架活用與喚起熱認知的理解。

道德權威框架實例

世上最有權勢的政治人物都有群乖乖聽命行事的部屬，每個部屬底下又有下屬執行命令。以美國總統為例。假使他下令對敵軍祕密據點發動空襲，底下一連串部屬就會開始執行這項命令，一直傳遞到 F-22 戰鬥機飛行員。美國總統可以帶領人民發動戰事，或搖搖筆桿、簽下影響數百萬人的法案。絕大多數情境中，他強大的框架幾乎可勝過所有反對力量。

各國領袖都一樣，美國總統也不習慣聽命行事。試想，成為總統之路滿布多少難關，得承受多少人身攻擊，還得不斷替自己的發言說明澄清。不過，一旦成為總統，就能擁有當代史上最精密又強韌的框架。然而，這位總統卻只會聽命於一個人、完全不會違抗：譬如美國前總統

⑦ 要徑，指的是專案中最長的那條連續作業路徑，或是「專案最短可完成的時間」；換句話說，專案最後的完成時間取決於這條路徑上作業的狀態。

歐巴馬的私人醫師大衛・沙奈爾（David Scheiner）叫他轉身把衣服脫了，他會半句不吭照做。

每個社交場合都有各自基本的人際功用，我們姑且稱作社交互動的「固定要素」（ritual element）。每個人都是透過社交場合來認識周遭世界。先前也一直提到，我們都會帶著自己的框架與他人接觸，框架又名觀點或視角。無論有意或無意，最後都會發覺自己帶著框架。所有的人際互動都受框架左右。有鑑於此，大衛・沙奈爾這樣的醫師不只是單純給予醫囑，他們的框架還異常強大，讓病患凡事言聽計從。

其實，醫師框架說不定舉世無敵。**真的嗎？**真的舉世無敵嗎？我們就來探討一下。我們只要想活著，都會照著醫師的吩咐行事，也對醫療從業人員抱持深深的敬意。無論心臟科、放射科、內外科醫師，都是能拯救我們或親人生命的人。因此，我們面對醫療專家時，都會依循內建的「腳本」。外科醫師站起來，我們就坐下；假如他朝著診療桌揮揮手，我們就會乖乖去坐在上頭，同時尷尬地想遮住私處。

無論外科醫師做什麼，我們都本能地有所回應，一切都自動自發，然而，角色互換則大不同。我們得服從醫師指示，但換我們說話時，醫師只要認同般地點頭，不會多作反應。

擔任顧問的外科醫師穿著隨性，有時西裝筆挺，有時走寬鬆休閒風。身為病人的我們只能罩著患者袍子、裡頭還沒穿內衣褲，象徵我們情境地位的卑微。假使在公共場合被人看見這身可笑裝扮，內心肯定留下創傷。外科醫師往往很富有，擁有各種高地位的光環：顯赫學歷、受敬重的頭銜，以及近二十年養成的專業能力，而且還有權力決定病患的生死。

我們多數人都本能地按照這個腳本，但仍然有例外，例如德蕾莎修女。

一九九一年十二月，德蕾莎修女住進加州拉荷亞（La Jolla）斯克瑞普診所暨研究基金會（Scripps Clinic and Research Foundation）醫院，治療細菌引發的肺炎和心臟病。想當然爾，她是全球家喻戶曉的人物，診所內每個內外科醫師都跑來見她一面。此時，不同框架就會碰撞。

醫生的框架通常有三條原則：

原則一：凡事我說了算。

原則二：敬重我的專業。

原則三：接受我對生死的判斷。

然而遇到德蕾莎修女的時候，這群醫師會發覺眼前的病人既不照腳本走，也不會掉入他人的框架。德蕾莎修女的框架如下：

一、物質財富都是空。

二、生死不重要。

三、幫助可憐人。

四、駱駝穿過針孔，比富人進天國還容易。

德蕾莎修女框架的力量並非來自財富或專業，而是無上的道德權威：幫助可憐人吧！生死都不重要哪！

醫師逐一與德蕾莎修女會面，他們原本強大的框架，就像骨牌般應聲倒塌。她並不在意他們的地位或對生死的掌控，畢竟她根本無懼死亡，過去就常無視醫囑。這些醫生受到她的框架所吸引時，驚人的事發生了：他們無法獲得她的青睞，權力框架頓時遭到瓦解。

這也是為何她輕易就說服這群美國醫師，投身從事他們從沒想過的事。在來到拉荷亞這個北聖地牙哥的富裕濱海勝地之前，德蕾莎修女造訪了美墨邊境的提華納（Tijuana），這座城市的貧窮問題十分嚴峻。她在那裡見證了美墨兩國、拉荷亞和提華納、富人與窮人之間的巨大鴻溝。因此，這些醫師爭先恐後要見她時，她覺得機不可失，直問他們是否去過僅二十五英里之外的提華納、有無看過當地的醫療設施。多數醫師都說沒有。

接著，她就請每位醫師到她病房外的一張表單上簽名，承諾要投入多少時間和資源協助提華納的移動式診所。這群習於主導框架的醫師，無法以外在成就贏得德蕾莎修女的好感，只能藉由投入時間和貢獻專業，幫助她發揚理念。

二十天後，德蕾莎修女出院時，她的框架影響了南加州最富有、聰明又高學歷的上流人士，光從答應投入時間協助提華納居民的醫師人數，即可見一斑。至於那些醫師自己呢？不知不覺間，他們的框架已被撼動與瓦解；外科醫師的權力框架不復存在，取而代之的是德蕾莎修女的框架。根據當時《洛杉磯時報》的報導：「一九九二年一月十六日，德蕾莎修女從斯克瑞普診所暨研究基金會醫院出院，期間獲得該院醫護人員的書面承諾，無償成立移動式診所醫療網，以服務提華納市的貧窮居民。」

記者問她是否會好好保重身體時，她只回答：「當然囉。」

現實有待框架詮釋

熱認知，可快速讓客戶鱷魚腦渴望得到你和你的好點子。

但這並不是銷售技巧。我認為，若你只把它當作一般銷售技巧，框架疊加不會產生任何作用。那些老派的銷售技巧都是追著新皮質跑，拚命拋出許多特色、優點和理性的說明。抱持著「賣東西」的心態，你很容易做出以下三件我很討厭的事：一、卑躬屈膝。二、對新皮質說之以理。三、拋出侵犯隱私的問題。相較之下，熱認知並不會像銷售技巧那般攻擊客戶。

- 熱認知純屬原始本能：每當內心出現一股激動，新皮質就很難運作下去。為了保護我們不受外界威脅，鱷魚腦會霸占所有大腦功能，不進行任何分析。這樣一來，我們才能自在又輕鬆地應付當前的變動。
- 熱認知想躲也躲不掉：人也許能壓抑情緒的「表達」，但不可能不經歷情緒的起落。
- 熱認知來得快去得慢：喜歡剛剛才看的電影嗎？喜歡福特最新車款嗎？愛吃蝸牛嗎？這些都不是你會認真分析的事物，而是熱認知——遇到的當下，感受就油然而生。

熱認知與冷認知

想要了解熱認知與冷認知，不妨把兩者比喻成巧克力和菠菜。這類常識你一定知道：菠菜很健康、營養價值高，應該要多吃一點。但要是可以選巧克力，你還是會立刻選擇巧克力。

提案順利與否，可以藉由以下問題來檢驗：客戶想買你的東西、加入你的團隊或投資你的點子嗎？

客戶需要考慮多久才曉得是否中意你的提案？你的點子需要構思並呈現得「多完整」呢？又需要進行多少理性分析，客戶才會心生「不錯」或「很爛」？我認為，簡報進入尾聲時，不必痴痴等著客戶的評價，否則對方會自動進入冷認知程序，腦筋動到你身上：我們欣賞這傢伙嗎？我們喜歡這個案子嗎？你應該要疊加前述四個框架，喚起對方的熱認知，進而產生「渴望」的感受。

假如刺激鱷魚腦的熱認知影響這麼大，為何多數人的簡報風格都是刺激新皮質的冷認知？我的看法供各位參考：我們內建的推理能力說新皮質比鱷魚腦聰明多了，以為自己從聰明的新皮質發送訊息，對方也會用新皮質接收，比鱷魚腦更能理解簡報。這種想法無可厚非，因為新皮質確實超會解決問題，同時掌管語言、數理和創造能力，儼然是心智版的瑞士萬用刀。

相較之下，鱷魚腦就像橡皮槌，只能做簡單的工作、刺激部分情緒，但影響範圍和程度都很有限。鱷魚腦似乎太過簡單，「搞不懂」聰明的點子。我們心想：「應該把決定交給客戶那位能幹的新皮質呢？還是情緒化又單純的鱷魚腦？」我們直覺認為要信任新皮質才對。但這種直覺其實是錯的。請回頭想想第一章的重點：**所有話術或訊息，其實都要先經過鱷魚腦的生存過濾機制，才會跑到新皮質這個邏輯中心；也正因為人類演化的特殊方式，這些過濾機制讓推銷變得難上加難。**

現在，你想必猜得到我接下來要強調的重點：把力氣花在讓對方鱷魚腦渴望你的產品，因為無論你多努力向新皮質推銷，**它頂多只會「喜歡」你的點子**。

熱認知是種內心的踏實感，藉由感受去「認識」事物；冷認知也是種踏實感，卻是透過評估去「認識」事物。

如前所述，**熱認知來得非常快**，源自原始大腦結構，包括腦幹、中腦和鱷魚腦。冷認知重視分析，源自新皮質，凡事都要經過計算，並且花時間思考解決方案；這就是新皮質的日常工作：長時間累積資訊並解決問題。你一定聽人說過：「拿出有力的證據來啊。」這就是冷認知，忙碌地消化各項事實來促成決定。

我們可以瞬間喚起熱認知，但冷認知得耗上數小時到數天。多數簡報的呈現方式，都是在刺激客戶的冷認知，用一堆事實和資訊，努力遊說對方接受提案。

熱認知能轉換成價值。對於客戶來說，挑起他們興奮感的是能大賺一筆的預期心理，直接拿錢反而沒什麼意思。正如一位研究人員所說：「老早在貨幣出現之前，人腦就習得了飲食、飾品和其他文物的報酬強化機制。」大腦看待金錢無異於食物、飾品和藥物，也基於間接使用的經驗、記錄其用途，畢竟腦袋裡可沒收銀機或收支表。

喬治．索羅斯曾寫道：「啟蒙時代的哲學家崇尚理性，期待理性能提供完整精確的現實。理性就像探照燈一樣，照亮的是待人發掘的現實。」

如前所述，現實並非等人發掘，而是有待你用框架詮釋。藉由快速疊加四種框架，你就能喚起客戶的熱認知，讓對方發現內心的「渴望」。然而，框架疊加一旦完成後，我們也不過獲得客戶三十秒的注意力，一切依然可能功虧一簣。這短短的時間內，我們得設法把客戶的欲望轉化為行動。但要怎麼做才好？現在又該怎麼辦？

CHAPTER 6

別當纏人精

Eradicating Neediness

多年來，我有很多提案都以失敗收場。提案遭拒這件事最煩人的一點，就是你永遠都難以習慣。被別人拒絕時難免失落，此乃人之常情。沒人喜歡被人拒絕，我們都想避免這件事發生。每逢重要場合，我們總會因此焦慮不已。

無論我們的身分是生意人、朋友、鄰居或公民，往往會認為只要自己有需要，所有人多少都有一點同理心，也認為別人一定會善待自己。但事實並非如此。所以，我們才會老是感到焦急不已、死纏爛打。

透露出糾纏客戶的徵兆，絕對是簡報的大忌，將會粉碎框架支配權、啃蝕人際地位、凍結熱認知，以及崩解疊加好的框架。

投資銀行家是每天都敲定百萬美元案子的高手。若有機會與他們聊聊，他們就會跟你說，渴求認同的行為（纏人）是頭號案子殺手。

四度提案：背水一戰

一九九九年，我替一家自己也有入股的科技公司籌資。當時那家公司花錢如流水，我得找個大咖投資人才行。因此，每天都打多達五十通電話給各大創投公司，跟許多總機和秘書通話，聽了一堆語音訊息，但就是沒人有興趣回我電話。

那家科技公司當時有很棒的點子，但很難在電話中說清楚，必須面對面說明才行。所以，我急著想先敲定開會時間再說，為此努力不懈；隔一星期，我說服一些老闆接起電話聽我簡報。但過程並不順利。車庫科技創投（Garage Technology Ventures）的比爾．瑞查（Bill Reichert）就說：「我不懂怎麼會有人想使用或投資那玩意。」軟銀創投（Softbank VC）的榮恩．費雪（Ron Fisher）則說：「孩子，別折騰自己了，換個點子吧。」

後來，我聯絡上美國最大風險投資公司凱鵬華盈（Kleiner Perkins）創投的合夥人維諾德．柯斯拉（Vinod Khosla），但說沒兩句話，他就把我轉接給分析師。想也知道沒戲唱了。北美各大創投公司一再給我吃閉門羹，我不禁開始懷疑是否要繼續下去。那陣子內心天人交戰，應該硬撐還是放棄呢？但我早就沒退路了。

這聽起來很簡單，但今日業界最大的真理就是：堅持一定會有成果。有鑑於此，我只好苦撐下去，最後得到四家頂尖創投公司的提案機會。但敲定會議只是第一步，接下來得獲得客戶青睞、說服對方出資，否則就會空手而回。這點我倒是蠻在行的——我是說空手而回的部分。

其實我內心遭到重擊。我知道自己推銷能力很好，但不知為何，提案卻一再失敗。如今，我的麻煩可大了。說來實在丟臉，但這已成為公開紀錄（加州大學洛杉磯分校安德森商學院就以此案作為ＭＢＡ企管碩士課程的案例研究）。當時，我戶頭剩不到一千美元，只剩一次前往知名創投公司的提案機會，再不久公司現金即將用盡，屆時就真的走投無路了。

我努力想找出個道理，看看哪個環節出了問題，想破了頭都想不到，開始深自反省與質疑。**我做錯了什麼嗎？一定有做錯什麼吧**。為了避免最後一次提案又重蹈覆轍，我決定重整旗鼓，抱持謙虛的態度，回到前東家請教資深合夥人彼得。

彼得也是推銷案子的大師級人物。我曾幫他草擬了幾個大案子，最後都帶來豐富的獲利。在這個節骨眼，只剩彼得救得了我。

我關上他辦公室的門，忐忑地坐了下來，不曉得他會伸出援手，還是會訓我一頓。感謝他願意見我後，他開口說：「歐倫，我一直都有關注你的職涯發展。這些年下來，雖然我看到不少亮眼的表現，但同時也發現了許多問題。」

「是。」我說，做好被他教訓的心理準備。

「你的表現很不穩定，」他繼續說道，「有時非常精彩，有時又令人大失所望。我們一直都不確定，哪天的歐倫狀態會比較好。」

我很想替自己說話，但也曉得最好點頭聽話就好——至少當下得如此。

「我們先回想一下，」他又繼續說，「兩年前，你的氣勢根本萬夫莫敵，幫我們跟醫技公司 Somatex 談成交易，那可是公司史上獲利最高的案子呀。」

我怎麼可能忘記？要是沒有我，那個案子就會胎死腹中。幸虧有我在，一堆人賺得荷包滿滿。「這我記得。」我說。

「其實，當時再搞定幾個案子，你就會成為合夥人了。」

無論哪家投資銀行，最令人垂涎的頭銜莫過於合夥人。我曾經差點就得到這個機會。另外，我還跟美國百年品牌好時巧克力談成一筆高額的生意，幫公司賺進超過一百萬美元。而我打下的基礎，也幫前公司成交了其他幾個大案子。我們的生意愈來愈好，市場競爭對手雖然眼紅，也只能自嘆不如。

「那時的你意氣風發，敲定許多我們很中意的案子，」彼得說，「只不過……」他的聲音愈來愈小。

我心想，當初我窺見網路商機而無預警離職，想必他至今仍備感失望和受傷。

「真的很抱歉，」我跟他說，「但是我今天來這裡，是因為眼前遇到很大的難關，我只剩一次機會了，再搞砸的話，整個案子就沒救了。」

他看我一眼，點了點頭。

接下來一小時，我重述了前三次創投會議，彼得邊聽邊問問題。最後，他挑眉微笑，大笑了幾聲，不等我說完就插話。

「我知道你為什麼會失去機會了。」他說。

「為什麼？」我問。

他停頓片刻，沉澱一下才又開口說：「因為你在會議中孤軍奮戰，也知道自己沒靠山了，所以在每場提案會議上都讓人覺得你很……纏人。」

我馬上全神貫注起來。難怪，這可是典型渴求認同的行為，也是狗急跳牆的徵兆。任何投資人都不想跟纏人的公司合作，若加上老闆的手頭還很緊，那就更不用說了！當然，投資人都知道你需要資金，但一旦表露出愛纏人或缺錢孔急的跡象，簡單來說，無異於向對方喊話：「我手上握著一個不定時炸彈喔。」任誰都會產生戒心，下意識只想著：「快逃啊。」

自我防衛源自鱷魚腦的下意識反應。這是我從失敗提案中學到的重要一課，也因此了解好案子無法吸引客戶的關鍵原因。纏人會引發恐懼和不確定感，導致對方的鱷魚腦接管決策。這可不是好事。鱷魚腦的唯一目標，就是藉由關閉愛辯論、思考和分析的高階腦部區域，避免其他威脅出現。一旦前方有威脅，就得立刻採取行動，哪有時間讓你琢磨半天。

纏人是威脅的徵兆。假使你表現得很纏人，就會被鱷魚腦視為想避開的威脅，導致對方只想離開現場。

彼得簡直一針見血。我仔細聽他提供的不要纏人相關建議。儘管我的處境岌岌可危，他還是鼓勵我「找回優勢」。換句話說，我得找回自己的內在力量、信心和沉穩。只是這些談何容易！

提案順利時，我們常認為是點子很讚，贏得客戶的心，或我們出色的說明言之有物、夠吸引人。然而，提案失敗時，我們就用不同眼光看待，認為問題出在客戶而非自己。我們深信客戶看不出案子的價值，或起初根本就找錯對象。但提案失敗的原因，很可能隱藏於表面之下。

我回想起第三場失敗的提案。那次有一家矽谷創投集團對案子很有興趣。電話中，業務代表說：「你的重點摘要做得很棒，我們也很欣賞你的理念，只要領導方針正確，這家公司就會不斷成長茁壯，說不定還可以公開上市。我們希望你星期二能過來簡報，說明一下合作方式。」

我隨即安排搭機北上，心想我的大好機會來了。不過當我們抵達時，眼前場景卻似曾相識，我覺得先前也有相同經驗。這場提案會議也是一小時，地點是不知名的辦公大樓，窗外正對著高速公路。會議室與我過去簡報印象中的幾無差別：多張黑色皮革座椅、一個長長的會議桌、一面白板和一只畫架。

回顧那些日子，最能觸發過去談生意點滴的，就是白板筆的嗆鼻味道。在一九九九年，若想好好呈現提案內容，都需要密密麻麻又抽象難懂的白板圖表。

當時，我在簡報過程中口條清楚又落落大方，眼神專注盯著客戶，散發著冷靜與自信。我的音調起伏帶有情感張力，隨手在白板上畫起一張美感十足的圖表，假使留存到今天，想必能掛在蓋蒂博物館（Getty Museum）的當代美術展廳。

不知不覺間，二十分鐘過去了。雖然我覺得還有很多沒說，但聽眾都紛紛在瞄手表了。我知道該收尾了，抓準時機講了個笑話，全場哄堂大笑。相信自己這回交出了漂亮的成績單。

現在，我面臨簡報結束後常見的兩分鐘尷尬空窗。這是很危險的B咖陷阱，一不小心就會搞砸一切，任何疏忽都可能放大成致命錯誤，稍有不慎就足以抹煞過去二十分鐘的功勞。這兩分鐘之所以難熬，是因為那件不能明說的事：你需要客戶的錢。

因此，在第三場提案的尾聲，我在一群矽谷最優秀的創投家面前，說明為何需要對方盡快挹注資金時，態度操之過急又死纏爛打。當時，我心想這案子攸關重大。假如這些人拒絕出資，就等於連續三場提案未果，公司真的就要走投無路了。我害怕又心急，所以說了下面的話：

「各位現在還是覺得這案子很棒吧？」

「考慮得怎麼樣了呢？」

「要的話，我們可以立刻簽約喔。」

這些是最純粹的渴求認同形式，也是殺傷力最強的纏人問題，大好機會就這麼溜走了。客戶原本的興奮與期待，轉變成恐懼和焦慮。想也知道，我最後既沒拿到投資意向書，也沒獲得任何投資合約。

為何不能當纏人精

很簡單，纏人就等於軟弱。一味追求認同的行為，等於大肆宣傳自身軟弱，往往死路一條。聽起來好像很嚴厲，卻是不爭的事實。纏人會大幅影響所有人際互動。

渴求認同的行為多麼愚昧，應該不必我多說了。簡單來說，只要你表現纏人，幾乎不可能撐過簡報後那短短的時間。我們先來界定何謂渴求認同和纏人，再探討如何跨越那兩分鐘的B咖陷阱，或任何你可能纏著客戶的情境。

纏人的成因

聽眾是否開始分心顯而易見，因為他們的不自在很容易察覺，像是一直看手表、身體轉到另一邊、焦慮地咳嗽，或闔上本來在讀的資料夾。這些都是外在的跡象。

每當說話者注意到聽眾出現不自在的舉動時，就會覺得自己提案快失敗了，焦慮和不安全感逐漸被恐懼取代，進而開始出現渴求認同的行為。

失望的感受會引發問題，需要我們細心思量。就算只有感到一絲失望，我們的反射動作也是設法尋求認同，企圖抹除這個負面情緒。但此舉只會讓聽眾覺得纏人。

現在，大腦的潛意識在想：「要是我能讓他們簽約，一切就沒問題了。」這是大腦的期待，藉此舒緩拒絕所產生的壓力和恐懼。幸運的話，客戶決定合作，那就可以再度安心了。我們會立即放鬆許多，焦慮感跟著下降，心跳回歸正常，感覺一切都在掌控之中。

然而，失望瞬間所引發恐慌的那一刻，我們忍不住會給客戶纏人的感覺，結果很可能是對方不想繼續合作。接下來呢？再次碰壁所帶來的威脅，恐會造成情緒大混亂。

以下是真實情境中，容易讓人出現渴求認同行為的陷阱：

一、我們想要的東西，唯有對方能提供（資金、訂單或工作），我們就容易變得太過死纏爛打。

二、我們需要對方合作，卻怎麼都談不攏，讓我們深感挫敗和焦慮。聽眾遲早都會失去專注力，把精神放在其他地方，像傳簡訊、瀏覽電子郵件或接電話。他們不在意開會期間有人隨意進出會議室，更可能直接打斷簡報，害我們連重點都來不及說。

三、若我們堅信客戶接受提案後，一切就天下太平，內心便不自覺地想死纏爛打。我們執意要對方答應時，其實是挖坑給自己跳。愈渴望客戶做出理想的決策，愈容易讓自己顯得纏人不休，到頭來就愈難敲定生意，只會每下愈況而已。

四、最後，只要客戶表現出沒興趣、舉止退縮、注意力渙散，就會觸發我們渴求認同的行為。此時，我們的恐懼感油然而生，極可能不由自主地顯得咄咄逼人。恐懼和焦慮都屬於反射性的情緒本能，很難單憑意志力控制。就算是最常見的社交規矩，都充滿了各種情境陷阱，因此你真的要提高警覺，避免露出纏人的蛛絲馬跡，才不會賠上人際地位和框架支配權。

反制渴求認同的行為

想避免在提案時淪為纏人精，最霸氣的方法就是：無論面對哪種社交互動，都能隨時展現強大的時間框架。這項框架是大聲向對方宣告，還有其他人等著你去提案。但這只是避免成為纏人精的大方向，基本原則如下：

一、無欲無求。

二、專注於自身長處。

三、表明要先行離開。

執行這三項步驟，有助平息大腦的恐懼迴路，心跳加速、渾身冒汗、呼吸急促、焦慮等症狀會慢慢減輕。一旦情緒獲得控制，你就會讓對方刮目相看、進而追著你跑。最重要的是，退場的意願展現了自制、實力和信心的特質，多數客戶都會大感欽佩。

制衡渴求認同的行為非常重要，為了更加認清這點，我們來看看別人如何解決問題。

電影《史蒂夫之道》（*The Tao of Steve*）的主角德克斯（Dex）也運用了退場的技巧，維持社交情境中的優勢人際地位。這項技巧是道家理念的一環，德克斯將之奉為處世哲學。

德克斯是小學老師助理，跟幾名室友住在新墨西哥聖塔菲市。他有個大啤酒肚、愛抽大麻、外貌邋遢且不修邊幅，完全跟麥迪森大道吹捧的美國男子形象相反。光看德克斯的外表，你會以為他一事無成。但出乎意料的是，事實恰恰相反。

德克斯在生活中實踐道家哲學，卻又別出新意（稍後會說明）。道家是約西元前五百年源於中國的東方哲學暨宗教傳統，以老子的著述為基礎。跟佛家相同的是，道家同樣強調天人合一、控制自身欲望。

在這部電影中，德克斯發展出自己的道家信仰，一切靈感來自流行文化，並稱其為「史蒂夫之道」——取名自三個叫史蒂夫的傢伙，他們身上有德克斯所追求的泰然自若。三人分別叫作史蒂夫．麥昆（Steve McQueen）、史蒂夫．麥加雷（Steve McGarrett）、史蒂夫．奧斯汀（Steven Austin）。

麥昆的外號是「淡定之王」（King of Cool），憑著反英雄的鮮明形象，成為同輩片酬最高的演員。他演過的電影包括《豪勇七蛟龍》（*Magnificent Seven*）《第三集中營》（*The Great Escape*）和《警網鐵金剛》（*Bullitt*），吸引了一大票死忠女性影迷，也奠定了「男人中的男人」地位。

史蒂夫・麥加雷（傑克・羅德飾）在一九六〇年代紅極一時的節目《檀島警騎》（*Hawaii Five-O*）中，飾演領導一支菁英重案組的探長。他實事求是、工作認真，總是率先識破壞人的計謀。

史蒂夫・奧斯汀（李・梅傑斯飾）是一九七〇年代票房極佳的電影《無敵金剛》（*The Six Million Dollar Man*）中的機械人主角，在片中原是太空人，在一場墜機中幸運生還，身體被以機械零件改造，後來成為政府祕密機構的特務。

三人的性格都以沉穩著稱，在高壓情境中也能處變不驚；即使被壞人包圍，依然不會慌了手腳。

德克斯相信，這三位史蒂夫之所以仰慕者眾，不是因為他們有氣派的跑車或機械的四肢，而是因為他們內化了道家三大原則：

無欲：追求事物並非必要，有時得讓事物自己找上門。

功成：在人前展現你最擅長的優點。

身退：別人以為你會窮追不捨的關鍵時刻，瀟灑抽身。

到了提案最後階段《史蒂夫之道》是最佳哲學參考，藉此抑制向客戶尋求認同的渴望。一般人總會追求自己缺乏的東西，因此簡報結束時請不要多加理會聽眾，開始準備離開。如此一來，既能消除你內心的不安全感，還能對聽眾產生強烈的吸引力，他們會因此自己找上門來。

最終提案：決戰時刻

終於，到了第四次、也是最終提案簡報當天。六個月前，我的戶頭有數十萬美元存款，現在只剩下四百六十八美元，不吃不喝不付房租的話，仍只夠支付我的保時捷當期貸款一半。儘管如此，我仍不斷地自我催眠：「我不需要他們，是他們需要我，我才是大獎。」

我站在企業夥伴（Enterprise Partners）這家南矽谷最大創投公司門口。當時將近下午四點的下班時刻，我得想辦法刺激他們、轟動整間會議室。最重要的是我得忘掉這是不成功便成仁的一役。若他們感受我有一絲咄咄逼人，我和同事就得回家吃自己了。這是最後的機會。

我走進會議室時，投資人全都滿臉倦容。他們已聽了一整天的簡報，連打招呼都嫌懶。這場景真教人緊張。

他們向我拋出一連串帶有敵意的問題，直接點出市場是否夠大、競爭對手是否太多的疑慮。其中一人還嘲笑我們的點子。糟糕的還在後頭，當初介紹我們來的那位合夥人（說好聽是「支持我們」）質疑我們身為網路公司的定位，建議我們應該把重心放在生產個人電腦軟體才對，這無疑是說：我不再支持你們的案子了。

但這些都不重要。我使出渾身解數、殺手鐧連發，完成超級漂亮的簡報；二十分鐘不多不少，勾勒出吸睛的網路願景來包裝艱澀的金融術語。最後，我按計畫端出「大獎」並留下一些但書。

我只對那群投資人說了三點：

一、這個案子十四天內會滿額。
二、我們不需要創投資金，只想要資本表上有個響亮的名字，這對我們首次公開募股（IPO）註冊比較有利。
三、我覺得各位很不錯，但你們真的是最適合的投資人嗎？我們得多了解彼此和合作關係，以及貴公司能貢獻的品牌價值。

我說完後便氣力放盡。當時，我渾身無力、沉默地坐在原位，與聽眾角色互換，換我當個臉色鐵青的雕像了。我只是坐著，沒出現任何尋求認同的行為，也沒死纏爛打，等待對方做出回應。

出乎意料的是，他們完全把我的話聽進去，幾分鐘內就決定參與案子。他們也想分一杯羹。我用精彩的開場挽救自己的顏面，簡報結束時展現自信和沉著，整件事就水到渠成了。我們又在會議室坐了一小時，討論所有可能的變因。最後敲定的估價高達一千四百萬美元，比我原先預期的金額高出六百萬。

沒錯，我戶頭只剩下四百六十八美元，但隔天企業夥伴就正式同意出資。幾天後，他們匯了兩百一十萬美元到我的戶頭。我還記得自己前往提款機，特地印出餘額明細，只為了親眼看到兩百一十萬的金額。三十天後，該公司再挹注四百萬美元，完成了這樁融資。

儘管困難重重又勞心勞力，提案人生其實十分刺激。當然，我做這份工作是希望見到成果，包括貸款、工作、資金等。但這不是唯一原因，我追逐這些東西，是想體驗冒險的刺激感。所有交易高手都曉得，談成一樁交易的當下，都彷彿站在世界的頂端，教人難以忘懷。從重要提案前的準備、進行撼動人心的簡報，乃至最後自信滿滿地敲定交易，可獲得的滿足感不言而喻。

多年來我得以體驗許多類似的美妙時刻，都要多虧了這寶貴的一課：**絕對不當纏人精！**

CHAPTER 7

魔王級案例研究：十億美元機場改建案

Case Study: The Airport Deal

本章要分享的故事牽扯層面廣泛、涉及金額龐大，為了說清楚來龍去脈，我必須先交代簡報當天前數個月內發生的事。我所參與的提案中，這個案子大概最能展現我推銷方法的核心價值，以及方法有效的原因。若你閱讀時覺得很像電影情節，就能體會我當時的感受，特別是交易金額動輒數億美元，攸關重大利益，領悟便更加深刻。

某天，我離洛杉磯一百英里遠，但並不急著回到市區，而且持有正當理由：當時市場景氣死寂，美國經濟崩盤連帶衝擊信用卡市場，許多交易案都被凍結一年以上。不停推銷案子推了五年的我，忽然發覺手邊沒半個案子可推，無所事事讓我非常挫折，因為競爭會帶來腎上腺素充滿全身的快感，我是真心樂在其中，才會投入這一行。平時除了運動時腎上腺素會大量分泌，我在董事會議室簡報也會有同樣感覺，當時共籌措了超過四億美元的資金。

但隨著經濟惡化、案子萎縮，一切都化為烏有。整整一年後，顯然很難回到過往榮景了。因此，我決定要徹底撒手不幹。這產業讓我賺了不少錢，我有能力過理想中的生活。於是，我昭告所有親友和同事：「我要退隱江湖。」

如今，我在鳥不生蛋的地方，有大把時間好好休息，思考人生的下一步。在安薩玻里哥沙漠（Anza-Borrego Desert）的假期從一週延長為兩週，後來我到小鎮奧克提羅威爾斯（Ocotillo Wells）享受自然風光（即使沒什麼風光可言）。那天是十二月某個星期一，天氣乾燥，氣溫約攝氏二十六度，週末遊客多半都已離開，這個位於南加州索爾頓海（Salton Sea）東邊的偏遠小鎮顯得無比冷清。獨處的感覺很不賴。白天我常騎著越野機車，到平頂山頭上休息，還拍了夕陽落到峭壁後頭的照片。生活過得十分愜意。但我渾然不知，當時有人拚命想聯絡上我。

魔王級案子

想找我的人遠在沙漠山脈另一頭的洛杉磯，那人是我同事山姆．葛林伯。他氣急敗壞地坐在辦公室裡，想盡辦法要聯絡上我。那時要找到我是難上加難，我的手機沒開，電子郵件也開啟自動回覆模式，況且幾乎沒人曉得我的下落。

葛林伯桌上有個金額高達十位數、價值十億美元的大案子。他希望我出馬接下此案，就像經濟崩盤前那樣。葛林伯是行動派，在帕洛馬機場（Palomar Airport）有架私人飛機，雖然稱不上豪華客機，但總能比競爭對手更快搶到案子。他原本打算搭私人飛機前來，設法找到我，親自抓我回去工作，以達到他的目的。不過有位友人洩露了我下榻的旅館。於是，葛林伯先在旅館答錄機上，留下了簡短的語音訊息。

「我手上有個魔王級的案子，」他扯著嗓門說，「今天回電給我，愈快愈好！」

三小時後，我回到旅館房間，看到電話上紅燈閃爍（提醒著我根本沒有隱私可言）。哪個傢伙這麼急著找我？沒幾個人知道怎麼聯絡我啊。我聽著葛林柏的語音訊息，時而分心、時而思考著他的話。最後決定不接這個案子。十年來，我一直四處奔走提案，如今已發誓不再碰任何案子了。

我、不、接。

雖說我心意已定，但畢竟欠葛林伯不少人情，還是得回電跟他說這個決定。他接起電話的當下，我就說：「我不接。」

「我話都還沒說耶。」葛林伯說。

葛林伯是個天生說客，想要什麼通常都會到手，但這次我百分百確定不想參與。

「我的答案還是一樣。」我說。

「聽我說個一分鐘就好嘛。」葛林伯不放棄。

「聽不聽都一樣啦，」我說，「我還有什麼案子沒見過。現在連個屁都沒有。」

葛林伯跟我說了一個離公司很近的案子。洛杉磯近郊的小機場戴維斯菲爾（Davis Field）即將改建為大型的私有固定營運基地（FBO），用於舒緩洛杉磯過度擁塞的空中交通，需要籌措高達十億美元才能動工。

「你**不能**拒絕這個案子，」葛林伯吼著，「這可不是阿貓阿狗購物中心，該死，我說的可是**一座機場耶！**」

「聽起來很讚，但我真的沒法接，」我說，「我已經退隱了啦。」

連飆三四句髒話後，葛林柏換了個方法。

「好吧，反正我有找好候補人選，那就……」他的聲音愈來愈小。

停頓了一會後，我自動上鉤。「誰啊？」

「伯恩斯。」

「欸？別鬧了。」

「他行的啦，」葛林柏說，「至於你嘛，只能說錯失這次良機，你絕對會後悔。」

葛林柏真的找了個備胎，但誰都知道保羅·伯恩斯不是「最佳人選」。

葛林柏決定暫時不逼我了。

「你就繼續逃避現實吧，我們要去忙大案子了。」不等我回答就掛上電話。

我噗哧笑了出來，想了想剛才的對話。多年來，我已習慣分析每次的提案，找出哪些話術真正有用。葛林柏的意思是，當前死水般的市場只有一個案子，沒重要到需要我重出江湖。之後，我打給旅館櫃台人員，請他們幫我擋掉所有電話。

又過了兩個星期。想也知道，保羅·伯恩斯的表現不如預期。他固然自信滿滿、分析能力強，但隨機應變能力不足。一有突發狀況，他很容易就慌了手腳。葛林伯忽然要他搭紅眼班機飛到芝加哥開會時，伯恩斯直接婉拒：「我需要幾天準備一下。」

我的同事都知道我的個性。只要能談成交易，我隨時隨地都能出發。就算飛機臨時取消，我也會開車前往。沒車怎麼辦？搭巴士就好。這些年下來，葛林伯很信任我，假如我建議調整策略，他都二話不說地照做。

因此，葛林伯心急如焚。他只有兩個月可以準備給機場遴選委員會的提案——絕非一般簡報，而是完整的企畫案，包括詳細的財務分析和策略。他知道只要我出馬，就能完成漂亮的提案，用引人入勝又具張力的故事，就能說明一切內容，包括**買賣時機、合作理由、要徑、優缺點和競爭優勢**。

伯恩斯確定無法勝任後，葛林伯便發覺他需要我。

有人搭機來找我求救

不到十點，葛林伯的飛機萊格賽600號降落在波瑞戈泉（Borrego Springs）的超小跑道上。十五分鐘內，他已驅車前往波瑞戈谷旅館。我答應在旅館大廳跟他碰面。

將近十年前，葛林伯聽過我某次提案的簡報，聽完當下就表明想雇用我。我則直接婉拒，表明自己不替任何人工作。但後來，我們還是成了合夥人，共同敲定許多筆買賣，促使葛林伯資本公司（Greenberg Capital）在金融市場位居領先地位。

但該團隊已解散，沒任何案子可推。

十一點五十四分，他抵達了大廳。這是山姆．葛林伯的典型作風，好比迦太基的軍事奇才漢尼拔，找不到路就自己造一條。這老兄不把我們兩人的關係逼到牆角，絕不罷休。他做事就是這副德性。

十一點半剛過時，我腦中盤算著可能的情境。山姆說什麼會足以動搖我呢？不太可能。市場景氣即將復甦到適合買賣了嗎？同樣不太可能。

我可說是心如止水，遠離了你死我活的俗世競爭，不再被電話和電子郵件綁架。我也不想念汲汲營營的生活，毫不戀棧。

時間接近中午，我走到大廳。山姆一身休閒打扮，坐在藍色仿皮沙發上等我。我們起初都不太自在，搞得好像第一次見面，雙方都擺出準備應戰的樣子。

「你也知道，我不能把飛機停在跑道上太久，所以快點收拾收拾，一起回去吧。」葛林伯繃著臉說。

唉呀，搬出時間框架了。這可得先解決才行。

「就這個海拔高度看來，你短暫飛了二十五分鐘後，那架飛機只要有一半的燃料，就能在攝氏三十七度高溫下空轉三個半小時啦。」我用專家框架瓦解了葛林伯的權力框架。「而且我好餓，這次換你請我吃午餐了。」

葛林伯改用大獎框架來反制專家框架：「我們都合作這麼久了，你從來沒賺過這麼一大筆錢吧，」他冷靜地回答，「你看看你——身子都向前傾了，專心聽我說的每句話，只差沒流口水而已。這代表你超想接這個案子。真是可憐哪。」

「欸，你現在是用大獎框架攻擊我囉！我教太多給你了啦！」我反將一軍，輕易就避開葛林伯重構的框架，「好啦，我可不想跟你這樣耗一整個下午，算了吧，我們去吃飯，還是給你請喔。跟我來吧。」

前往三明治餐廳的路上，我們兩人不斷建構、解構又重構各自框架，只為了決定誰要付二十美元的午餐。此時，葛林伯的飛機在跑道上等著，計入燃料和機組人員的成本，每小時燒掉八千四百美元。

「我們再一起合作嘛。」葛林伯在餐廳說道，把話題拉回此行目的。

「市場狀況不允許啊。」我回答。

這個反對理由早在他意料之中。葛林伯決定要挑戰我的看法，順便訓我一頓。

「你到底在這裡幹嘛？」他問，「你就這樣逃到這裡，只因知道自己沒搞頭了。」他繼續說著。

「我一度以為，你說不定會成為業界第一把交椅，」他說，「但現在提到你的名字，我只會聯想到兩個字——沒種。」

我聽得咬牙切齒，站起身來狠狠瞪著他，準備掉頭離開。

「你會生氣是因為我沒說錯，」他說，「你大可跟我回去證明我說錯了。你總不能後半輩子都躲在這裡當嬉皮吧。」

我可以感受到他的纏人功夫，整體而言，我仍暫時占上風，只不過對付葛林伯時，很容易就失去主導地位。

「給我一分鐘想想。」我跟他說。

十億美元的大案子實在太驚人了，這勢必會成為我這輩子負責的最高額交易案，因為我先前的案子多半不超過三千萬美元。然而此案之所以會落到我手裡，只是因為景氣差到嚇跑所有投資人。葛林伯特地飛到鳥不生蛋的沙漠，也讓我覺得備受重視——投資金融界縱然競爭激烈，還是有人是你的忠實戰友。

「我們仔細來談談吧。」我終於開口，眼神直視葛林伯。「假如我回去的話，你會給我什麼好處？」

葛林伯的眼睛一亮。說狠話奏效了，他把我引到上鉤點，該乘勝追擊了。接下來十五分鐘，他說明起案子內容，跟簡報沒兩樣，還釐清了我該擔負的角色。再來，就由他負責敲定交易，也會開給我合理的條件和罕見的高報酬。

但我萬萬沒想到，葛林伯故意漏了一個關鍵資訊——這個案子有很強大的競爭對手。

迎戰魔王前的準備

隔天回到洛杉磯，我和葛林伯在他的高樓辦公室討論行動方案。當天是星期三，葛林伯開會前就有心理準備，這下子非得說出競爭對手是誰不可了。但他硬是等到會議結束前，才突然射出這支暗箭。

「對了，我應該說過古漢默（Goldhammer）也會提案吧？」葛林伯說。

我差點噴出口中的咖啡。

「什麼?!」

「嗯，就是他們也有個團隊在忙提案，」葛林伯說，「別緊張嘛，兵來將擋，水來土掩就好。」

「你飛來找我之前就知道這件事，居然沒跟我說？」

「有差嗎？」葛林伯故意輕描淡寫。

「當然有差，我們提案幾乎沒贏過他們啊，」我說，「古漢默公司那麼大，資源是我們的十倍，光靠古漢默這名號就夠了。」

「所以我才找你來打敗他們。」葛林伯說。

「我拒絕，」我說，「都怪你沒先跟我說，不然我怎麼可能來啊。我平時跟誰一較高下都可以，但是這次明顯不公平。」

我整個人怒氣衝天。葛林伯故意不點出競爭對手，我只感到深深的背叛。我們的對手古漢默一定會指派十二到十五人準備提案，反觀我們最多卻只有六人。但考量到這案子的潛在報酬，確實值得努力看看；萬一我們提案勝出，並在五年內替機場募得十億美元，葛林伯資本公司就會進帳超過兩千五百萬美元，而我可以分到三成。因此，我得證明自己的提案夠好，輸贏攸關重大利益，贏了就能大賺一筆。唯一目標就是打倒古漢默，以及商場上的死敵提莫西．錢斯（Timothy Chance）。

死敵的動態

古漢默在洛杉磯的辦公室，位於市中心一棟氣派的摩天大廈十二樓，他們承租一整層樓；

眺望窗外，可以一覽好萊塢到太平洋岸的景色。整層樓裝潢都是東方風格——一只玉雕龍、華麗花瓶、日式插花。我曾跟古漢默交手過，也去過那間辦公室，完全能想像該公司作戰會議的情況：

主要會議室裡，七個人聚首討論著這個號稱魔王級案子的機場改建案。帶頭討論的是比爾．麥納（Bill Miner）。麥納是投資銀行家第二代，古漢默特地請他來管理洛杉磯辦公室。就是他決定了辦公室裝潢採遠東風格，說話也常引述愛書《孫子兵法》的章節。他跟團隊簡報完機場沿革後，就會把火力對準競爭對手，也就是我們。

「參與這次提案競賽的有平時常交手的三四家公司，」他會說，「不過，難以預料的是葛林伯資本。」

在場的人想必都很熟悉葛林伯資本——我們是當地公司，葛林伯和古漢默偶爾會在商場上碰頭。

古漢默公司的推案王牌提莫西．錢斯，他會安靜地在一旁聆聽。錢斯認識我們，一九九〇年代曾跟我合作過數個月。後來，我們起過幾次衝突。三年前一場投資會議上，我和錢斯起了口角，旁人還得把我們拉開。

開會到最後，我猜錢斯和麥納會看著彼此，心想這是當年度最大的提案，年終獎金全靠它了。這個案子也可以讓同業看看誰才是老大。

擬定策略與研商

葛林伯資本公司第一次會議重點是擬定策略。我、山姆．葛林伯與羅伯．麥法倫（Rob McFarlen）坐在會議室中，葛林伯開始分配責任歸屬。這次提案對各方來說都是風險，光是律師費用就將近四萬美元，所有間接成本估計會高達十萬美元。

我和麥法倫針對案子展開曠日費時的數字運算。麥法倫是量化分析師，知道我們需要哪些財務模型。

我負責草擬提案大綱和故事主軸，屆時也會上場簡報。

葛林伯的任務就是付錢，以及確認一切都按他的意思進行。

幾小時後，我們先休息吃午餐，開始聊起古漢默。

「不曉得他們會不會派提莫西．錢斯出馬。」葛林伯說。

「應該會，」我說，「他是古漢默的王牌耶。幸好我了解他的思考模式。」

「羅伯，你覺得呢？」葛林伯問。

麥法倫在這案子上有利益衝突，因為他平常也接古漢默的案子。「我只負責數字運算，不選邊站。」

「直說無妨，不用擔心。」我說。

「提莫西是很優秀的人才，」麥法倫說，「非常老練。但是你也毫不遜色。」

葛林伯看我眯著眼，自個兒揚起微笑。我教過他如何支配框架，如今他還能用在我身上。真是高明。葛林伯就是這樣，老愛做冒險的事，設法要人挑戰自我極限。

「我覺得，」我說，「假如他們真的派出提莫西，整件事就會變得很棘手，他可不是省油的燈。」

我們在案子的資本架構方面頗有進展，還研究了全球市場類似案例，自認擬定了良好的財務策略，也有過去紀錄證實的確可行。

我們也得知錢斯會代表古漢默出馬提案。每當三更半夜忙著準備提案時，想到這點就會腎上腺素爆增。

多年來，我都執著要開發一套提案和成交的方法。我提出神經金融學的概念、詳讀學術期刊、訪談教授和學者，甚至針對主管設計實驗，評估他們對不同推銷風格的反應。然而，這些研究和我花的一萬小時得真的奏效，否則誰都得不到好處。顯然，眼前十億美元的機場提案，將會是我畢生所學的終極試驗；假如葛林伯資本最後出線，就會成為這套方法的最佳例證。

期中報告：參戰一個月

每天緊湊的工作節奏、清掉待辦事項的快感、數字運算的漫長艱辛等，都賦予我強大的使命感，也讓我可以日復一日亢奮不已。我沒跟葛林伯說，先前待在沙漠其實無聊死了。腳趾埋在熱沙裡當然很爽，但一旦習慣衝鋒陷陣的日子，唯有參與進行中的交易案才能找回興奮感。

麥法倫有次跑來我家，討論最新一批核對的數字，我說起案子帶來的刺激感。

「說起來，這次其實很像羅馬競技場的殊死決鬥，」我說，「不是幹掉對方，就是被對方幹掉。如果提案失敗了，就好比慘敗倒下的失敗者，這時客戶就好比那些觀眾，往往會有種病態的快感。」

麥法倫點點頭。我很喜歡用生動的比喻輔助說明，但麥法倫天生就不太理會這些。他為人內向，平時難得打破沉默，只要開口都是在解釋自己的分析沒錯。他凡事只看數字，個性十分低調。

「古漢默這次找誰負責運算？」我問，「你知道嗎？」

「他們內部自己處理，所以應該是布蘭登．考威爾吧。」麥法倫說。

「他有你那種本事嗎？」我問。

「我的哪種本事？」麥法倫不解地說。

「化枯燥為神奇的本事啊。」我說。

「沒有，」麥法倫說，「考威爾沒……我這種本事，時間太倉卒了。」我從麥法倫口中頂多套出這句狂妄的話。

葛林伯找上我和麥法倫，無疑是得到兩位專業高手助陣，但他自己也有兩把刷子。葛林伯是個數學奇才，我剛入行時把他當成推銷界的導師。這個團隊雖小，但才華和經驗兼具，只是得先克服不少難關，才能贏得機場改建提案。

A咖客戶現身

機場改建案的推手是賽門．傑佛里斯（Simon Jeffries）。他努力多年後，才催生了這個大案子。傑佛里斯和葛林伯是十多年的舊識，三不五時會在建案圈子見到彼此。如今，傑佛里斯處於A咖的地位，聽取古漢默和葛林伯兩家的簡報，決定誰能得到替新機場募資的合約。

巧的是，錢斯很可能已摸清楚傑佛里斯的底細，但我卻沒做任何研究。我以前不喜歡跟人打造所謂的深層融洽（deep rapport），也就是讓聽眾產生共鳴。

我的研究顯示，提案前的閒聊往往沒用。那些決策涉及數百萬或數十億美元的主管，與你在哪打高爾夫、找停車位找了很久都毫無關係。我很早就懂得這項道理，避開了許多推銷人員落入的深層融洽困境，致力於打造獨一無二的主題和情節，說出引人入勝的人情故事。

理論上，屆時蓋好的傑特公園機場（JetPark Airport）會很漂亮。一位知名建築師在長約七千英尺的戴維斯菲爾跑道周邊，規畫了一千英畝的都會城，包括餐廳、購物中心和多項設施。多數建築（當前僅有藍圖）都將是玻璃與鋼骨蓋成的高樓，任何設計細節都不放過。

改建好的機場可幫南加州分攤日益繁忙的空中交通（光二〇一〇年一年，就有約三千萬名旅客從洛杉磯國際機場出發）。新機場也可以停放小飛機，提供良好辦公空間，給予支持航空業的業者進駐。整體而言，新機場預料將創造一萬個工作機會，經濟效益高達二十二億美元。

因此，關鍵在於取得資金，一點都馬虎不得。南加州迫切需要這座新機場，新機場則需要建造資金。葛林伯和古漢默兩家公司都非贏不可。

魔王級提案倒數九天

那陣子，麥法倫每天都工作十六個小時，屢屢修改我們的提案架構。我也跟一位平面設計師合作，想打造視覺「震撼彈」來搭配提案，簡報時才能讓全場驚豔。

另外，我也在構思「故事」的元素。由於有些朋友是好萊塢編劇，因此我受到了潛移默化，明白任何 Pitch 都應該說個好故事。

「提案一定要有個吊人胃口的誘餌，」我對麥法倫說，「要是大白鯊身上有GPS追蹤定位，可以隨時掌握牠在哪裡，戲就演不下去了，故事也不會吸引人。」

如今，我重新包裝提案，設法添加「人味」。有時成交要靠精確的數據，但這次重點要擺在人的身上。

麥法倫點點頭，便回頭去忙數字運算了。

提案當天

下午兩點五十二分，我看到提莫西．錢斯比我早幾步走進大樓。我在一樓大廳裡再度把整個提案思前想後一番。我們打算凸顯好萊塢般的故事面向，我要談談自己在機場旁小鎮春日丘（Spring Hills）認識的居民。我很肯定，錢斯和他公司的任何人，從來都沒去過春日丘。我搭著電梯上九樓，對自己的策略充滿信心。提案中的資本架構面面俱到，葛林伯資本也有許多成功經驗，但我要說的故事更為厲害，以人的視角看待此案。

賽門．傑佛里斯的辦公空間占地三千平方英尺，位居洛杉磯的頂級地段。我走進接待大廳，看到錢斯在打簡訊。我們兩人四目交接，我朝他挑了挑眉（本人一貫打招呼方式）就轉頭面向櫃台小姐。

「我們是葛林伯的團隊。」我露齒微笑。

「請稍坐。」她說。

布滿B咖陷阱的大廳裡有六張椅子。我沒有直接坐下，想先鬧一鬧錢斯：「你在傳簡訊回公司求救嗎？」但他顯然沒心情理我。他知道我打算奪取框架支配權，不管他答什麼都會被我解構、建構並加以翻轉。

「加油。」錢斯說，又低頭看著iPhone。

傑佛里斯終於走進接待大廳，分別跟我和錢斯握手。

「歡迎兩位，請跟我來。」他說。

我們跟著他穿越一條長廊，接著走進一間會議室。

「請坐。」他說。

我和錢斯尷尬地對看一眼。

傑佛里斯說要離開一下。確定他走遠後，錢斯才說：「我們要在彼此面前提案嗎？開什麼玩笑啊。」

我在內心大喊太好了。「這很常見啊，」我說，「你應該多多出去提案才對。」

傑佛里斯也許曉得，假如按我們的意思簡報，勢必會聽到排練過的腳本。畢竟他要把籌措十億美元的重責大任交出去，當然得看我們對突發狀況的臨場反應。

就在此時，第三位提案人走了進來。他是倫敦一家公司的代表。眼前的局面比我預料得更為激烈。

剖析提案思考的點線面

兩個月前，我開始研究古漢默這家公司，思考如何取得競爭優勢。兩個團隊都基於相同資訊提案，所以差別在哪裡呢？這就像是解謎一樣，贏家會獲得籌措十億美元的機會，以及兩千五百萬美元的報酬。

儘管攸關著重大利益，我也決定改變思考模式，把它當成「一般的提案」，免得到時壓力太大，做出狗急跳牆的爛決定。只是說得容易、做起來難，畢竟都花了好幾星期或好幾個月準備，怎麼可能不焦慮呢？我必須刻意調整心態，因為人類對於重要社交場合，情緒自然會變得過於激動。我的方法是運用第六章提及的「別當纏人精」三大原則：

無欲：追求事物並非必要，有時得讓事物自己找上門。

功成：在人前展現你最擅長的優點。

身退：別人以為你會窮追不捨的關鍵時刻，瀟灑抽身。

若我在準備過程中無法消除想贏的欲望，團隊在提案當天很可能會死纏爛打；若我連個簡單的點子都無法精彩呈現，那競爭對手就會因為平均表現較佳而出線；若我缺乏勇氣看準時機收手、為了勝利咄咄逼人，到頭來只會丟了案子。

我知道這其實是場單純的提案比賽，一共分成四個階段，我應該要樂在其中才對。基於這個目的，首要之務就是了解傑佛里斯的心理。我得快速調整簡報的重點，好對付他的鱷魚腦。

首先，我要掌握提案調性。實際上，這是很正式的提案場合。傑佛里斯已跟航空管理局打交道多年，勢必會讓提案喪失很多樂趣——這些人不習慣插科打諢的幽默和熱絡的互動。他也習慣與市級、州級和聯邦政府單位合作，所以我的語氣得保持嚴肅和尊敬，但「嚴肅」不等於「沉重」。好好享受簡報本身絕對是致勝關鍵；若連簡報者本人都無法樂在其中，其他人就會覺得焦慮。有鑑於「樂在其中」是裝不出來的，我必須打從心底享受過程，這樣就會消除只想求贏的欲望。

第二，我得用對提案框架。簡單來說，對手絕對會把重點擺在成本和獲利上，把案子包裝成「賺大錢的好機會」，這是他們固定的路數。但這些華爾街生意人都忽略了一個重點，傑佛里斯並非傳統開發公司的老闆，他要改建的是南加州最具歷史意義的機場，成為**拯救**戴維斯菲爾的英雄。先前也有人推動機場改建計畫多次，卻都宣告失敗。傑佛里斯要在一千英畝的土地上蓋機場，而這塊南加州土地的歷史可追溯到一九二〇年代。因此，這個案子不必滿是銅臭味，反而要勾勒出更偉大的願景，挑起想在社交場合當A咖的人性。大腦的本能是追求地位，而非金錢。基於這個想法，好點子於焉而生：重點是**歷史定位**。

這個案子的重點是透過一段美國歷史，讓人留名後世。傑佛里斯想有番不同凡響的作為，讓後世都能記得他。這是欲望，而非貪念。明白這點後，難題就解決了。我提案時只需要鎖定這個欲望，幫傑佛里斯取得歷史定位。

第三，我得大幅激發對方的熱認知。先前，葛林伯私人飛機的飛行時數已讓對方大感佩服。噴射機是很迷人的東西，屬於純粹的熱認知。傑佛里斯和提案審核委員會，都對航空產業了解甚深，不是擁有私人飛機，就是工作與飛機有關，其中有兩人就是飛行員。簡報的對象若是飛機迷，激起興趣就易如反掌，只要秀出許多噴射機的視覺圖像即可。

不管客戶有無意識地相信產品會提升個人形象，**大腦都會自動充滿渴望**。若大腦看到社會珍視的事物，更會**用力按下好奇心的開關**，多巴胺隨之湧入大腦的酬償中樞，愉悅感也馬上升起。對娛樂用藥產生反應的也是同一個酬償系統。一般人在社交場合中，凡是提及社會地位象徵，諸如名車（法拉利）、名表（勞士力）、美麗飾品、名畫家（雷諾瓦、塞尚、提香、德庫寧等）、名犬（羅威納）、濱海別墅，或上頭提到的私人飛機等，熱認知就會進入高速運轉，對欲望和報酬有了期待，心頭也油然浮現快感。

因此，我打算在傑佛里斯和審核委員面前，展示著貼滿了飛機照片的海報板，帶給他們視覺高潮。每幾分鐘，我就翻開新的海報板，秀出噴射機起飛、降落或高難度迴旋的照片，而且一張比一張精彩。

假如簡報主題是金融衍生商品或抽象工具，就很難在視覺上引起對方興趣，但眼下的機場案，用飛機說故事就容易許多。

我很清楚，只要能進入決選，最後的敵手就會是古漢默。該公司人才濟濟、成交紀錄亮眼，影響力又所向披靡，具備各方面的優勢。過去十年來，兩家公司要是盯上相同的目標，我們都只能慘敗收場。他們想必瞧不起我們這家小規模公司。目前為止，我單憑一己之力籌到的資金為四億美元，但古漢默公司呢？至少好幾十億美元。

我把逐漸成形的簡報分成四個階段：

第一階段：框架支配，取得地位，帶入好點子。

第二階段：說明問題與解方，以及我方優勢。

第三階段：提出合作條件。

第四階段：框架疊加以促進熱認知。

除了考慮到競爭對手，還有一個更棘手的問題。傑佛里斯和審核委員都是天生的A咖。在我推銷提案的過程中，他們會直言不諱、一再打岔或加以干擾。我只要稍不注意，就會讓他們取得優勢地位並控制框架。若我簡報步調變慢，他們隨時會插話展現A咖地位，提出各種問題，像是「你有什麼具體作法？」、「這些數字哪來的？」或「某某計畫的成本多少？」

為了避免他們問東問西，我需要不斷施展推／拉的技巧，讓他們時而嚇得措手不及、時而好奇地想進一步了解。屆時，他們就沒時間去分析細節，也無力拆解框架，只會乖乖服從我的框架，一切都看我的臉色。我必須盡快取得當下明星魅力。

提案前重點一覽

以下是這次提案前，我在腦袋裡列出的要點：

一、掌握提案調性、展現A咖風範、提升人際地位、刺激對方好奇心。
二、提出有人味的好點子，圍繞著「打造歷史定位」的主題。
三、用視覺圖象引起共鳴、維持注意力。
四、刺激熱認知，讓傑佛里斯和審核委員在得知細節前，就渴望了解點子。

我打算利用短短二十分鐘，跟對方鱷魚腦進行熱絡的交流，以達到喚起大量熱認知的目標。我相信，假使能力相當的兩人推銷相同的點子，其中一人針對新皮質去包裝訊息，另一人則針對鱷魚腦去調整內容，就會有截然不同的結果。我的簡報是以對方的鱷魚腦為對象，一切蓄勢待發。

好戲上場

為了這個案子，我足足準備了兩個月。現在，我起身面對傑佛里斯和審核委員會，錢斯則在一旁觀看。我緩緩地說了以下開場白：

「今天，我們眼前有一項重責大任。這個決定的關鍵不是誰最有魅力，也不是誰在金融圈最如魚得水，而是誰拿得出**最恰當的點子**，才能替戴維斯菲爾機場籌到十億美元。以前許多人嘗試過，結果統統失敗，所以真正的贏家，並不是最佳人選或最佳團隊，而是最棒的點子。這座機場陪美國走過第二次世界大戰，曾經停放 B-17 轟炸機等參與太平洋戰事的戰鬥機分隊。今天，我們要興建的不是購物中心，也不是商店街，更不是汽車旅館，而是一座機場，而且是蓋在意義非凡的地點上，這件事絕對馬虎不得。」

務必在一開始就掌握正確的框架。由於古漢默絕對會在一開場就凸顯他們公司的規模、經驗和成就，因此我得挑個框架來淡化對手的優勢，把注意力集中在自己身上。我選擇的是「最佳點子框架」（best idea frame）。換句話說，我要他們忘掉競爭對手的規模和影響力，改而專注於點子的優劣。我們的規模和影響力比不過別人，但要是改採最佳點子框架，依然有可能打敗古漢默。

我那句「意義非凡的地點」提高了當下的壓迫感，刺激去甲腎上腺素注入大腦。換句話說，這案子一旦搞砸，後果不堪設想。

假如我抓對了調性，就鞏固了強大的框架。接下來便是要重新定位競爭：「今天，我們很榮幸能跟兩家優秀的公司競爭。我知道他們能提供優質的服務，畢竟旗下團隊人多、各地都有據點，加上大批年輕又有活力的研究人員，以及全球最高薪的分析師。凡是到手的案子，他們都會不惜成本來處理。」

這番話的言下之意，就是古漢默和倫敦來的那家公司大歸大，但裡頭太多沒經驗的年輕人，把競爭對手定位為不成氣候、過度飽和、在意成本和規模太大的公司。這點符合華爾街銀行在媒體中的負面形象，也是很容易傳達的看法。我知道提莫西・錢斯這下得花不少寶貴時間，才能讓自己的公司擺脫這個框架。錢斯很清楚我剛才的招數，無怪乎他一副吹鬍子瞪眼的模樣。我們的簡報有了好的開始。

「賽門，過去三個月來，你遇到的人都會說市場慘淡好一陣子了。但是如果你去挑戰這些人的思維模式，就能用不同的角度來看待市場，這也是敝公司的角度。容我說明一下，我們密切關注的三股市場力量，已經促成了很重要的契機，只要掌握好時間點就能重回市場。我們覺得這個契機不會持續太久，但是假如現在行動，我們可以快速向投資人募得十億美元，其他交易案只能望塵莫及。以下是我們針對這些主宰市場變化因素的分析：

社會力量：大家都很痛恨投資銀行家靠交易案自肥、不必承擔任何風險，因此我們必須讓費用更加公開透明。

經濟力量：凡是公開透明的交易案，銀行人士和顧問願意跟投資人同進退，目前市場上剛好有大量投資人閒錢，而且比上一季多出五十億美元。

科技力量：如果我們可以採用環保建材、讓大樓通過LEED綠建築認證，我剛好知道某個政府單位，願意讓我們減少一成的稅務。

「各位可能是第一次聽說，但這就是市場的變動方式，三股力量是策略的關鍵。我要再次強調，這次的市場契機短暫。如果我們違抗這些力量，做起來就會事半功倍。但如果我們用對策略，就會促成一樁少見可掌握這個契機的案子。」

這是我長期信奉的三管齊下市場力量。還沒建構好框架就開始推銷和宣揚點子，絕對大錯特錯。藉由釐清這三股力量，我能讓客戶看到市場的變動方式。之所以會奏效，要歸因人的心智並非照相機，而是專門觀察動向、預測未來的機器。我繼續說：

「在開始詳細交代計畫之前，容我告訴各位，我們在不久前認知到一件事。這項提案重點不只是機場升級或改建，而是**各位留下的歷史定位**。各位絕對會名留青史。一旦興建了這座新機場，未來的世世代代都會加以肯定。」

這番話無疑是對在場委員下了戰帖，同時促進多巴胺和去甲腎上腺素的分泌。換句話說，他們會同時感覺到欲望和壓迫。

「賽門、傑夫、吉姆（我這時直呼每個委員的名字），我知道你們急著替案子找到投資人，我也能體諒在時間緊迫之下，實在很難質疑既有的觀念。但是，今天我們想請各位想想一直以來的做事方法，近來這些交易案的『處理通則』造成的結果不是搞錯方向，就是離目標很遠，或兩者皆是。」

「這個市場裡已有太多類似的案子了。現在，除非你們在方法上另闢蹊徑，否則只是浪費時間和財力。」

「接著要告訴各位，為什麼我們的好點子跟其他計畫比起來，令人耳目一新。請各位先睹為快。」

（我把幾張大海報板翻了過來，標題和字標全都印成粗體。）

「正如各位所見，我們的主題是『投資美國歷史遺產』。我們的計畫不只會帶給投資人大量獲利，更給了他們參與一段偉大歷史的機會。今天在場提案的還有兩家公司，他們在潛在投資人面前，都只是比較利益得失，但是我們要說一則動人的故事，讓人認識這座見證精彩航空史的機場。」

「『美國歷史遺產』的主題，搭配我們的融資計畫，將會在市場發揮最大效益。採用我們的方法，十億美元就會更快也更容易到位。我們的點子會加快資本流動速度，有更大的機會能補足資金缺口。我們要把眼界放遠，不僅要保護一段珍貴的航空史，而非加以破壞，成為民眾心目中的英雄，最後又可以籌得十億美元。」

這是我慣用的「好點子說明範本」（big idea introduction pattern）。為何這樣介紹點子有用呢？答案就在攸關大腦和決策的三項事實：第一，大腦最基本的運作原則是，「對於事物產生渴望」屬於潛意識。第二，可能成為「英雄」屬於社會報酬，比賺大錢更加吸引人。第三，只要專注地提倡社會報酬、成為「英雄」和賺大錢這三件事，就可以讓客戶大腦充斥多巴胺，目的為何？刺激欲望產生。

簡報至此，我已成功刺激適量的多巴胺（欲望）和去甲腎上腺素（壓迫感），進入審核委員的鱷魚腦，再來就可以進入無聊的部分：數字。

我的框架成功讓客戶關注我們的長處，拉開我們和古漢默之間的差距。與眾不同又能創造新奇感，再度刺激多巴胺注入大腦。傳統簡報開場通常如下：「我們努力集思廣益後，構思出一個超讚的計畫……」

但我的方法是以退為進，開頭先說「市場變得不一樣了（所以固有方法不會有效）」，結尾則提到「不落俗套的更棒方法」和「之所以與眾不同，是因為不光有冷冰冰的數字，還有充滿人情趣味的故事。」

其他團隊很可能會搞錯重點：耗費大量時間介紹過去輝煌的成就。他們採取同樣的主題，可是細節卻天差地遠，只會仰賴陳腔濫調，把自己包裝成「全方位公司」以滿足客戶需求，擁有「首屈一指的誠信、服務和品質」。這套方法老舊又無效，吃力而不討好，何必浪費時間呢？提供最佳服務和品質難道不是常識嗎？

接下來五分鐘，我扼要交代了預定開銷和時程。假如我無法在五分鐘內交代完整的計畫，過去兩個月無數的時間和金錢等於付諸流水。

我在準備提案的過程中，最大難題是判斷要捨去哪些內容，又不會損及原本想法的溫度與深度。但我終究覺得，保持少一些冷冰冰的細節，提案成功的機率較高，以免客戶大腦進入分析模式。

簡報的長度也至關重要。正式上場前一個月排練時，整場簡報超過五十五分鐘，又臭又長。所以我開始拚命砍內容，這裡縮短三分鐘、那裡減少兩分鐘，依此類推。每次排練時，我都拿掉一些無法喚起好奇或熱認知的細節。直到前一星期，我還在努力提升簡報的「溫度」，刪除旁支末節又保有核心理念。

所以，我僅用短短五分鐘，簡單交代預算開銷和財務細節，也就是整場簡報最沒溫度的部分。不久後，我**接連疊加四個框架，刺激對方的熱認知**，讓提案會議的氣氛升溫。但首先第一步，快速展現推／拉技巧：

「這個計畫很大膽嗎？嗯，我們當然可以針對數字辯論是否高了百分之五或低了百分之三，這個好點子確實很大膽，但是我們認為膽識很重要。如果你不喜歡大膽的計畫，那我們很可能無法合作，因為我的團隊就像新創企業，工作節奏相當明快，而你們若像大公司那樣，做事慢吞吞又一板一眼。這樣要怎麼合作呢？總之，我承認我們的計畫非常大膽，彼此合作不來也沒關係。」

上面運用了推／拉範本裡的推力，用意是投下震撼彈、加強壓迫感。現在，就是我抽身的時候了。此時情勢對我非常有利，也不枉我這十多年來研究和磨練出來的技巧。不過，無論眼前客戶多麼好騙，至此仍屬推銷的一環，我希望對方的決定對我有利，因此努力想掌控框架。對客戶而言，這就是壓力的來源。人類承受這種壓力時，便會出現特定的行為：鱷魚腦會本能地覺得，你要奪走他／她的自主權，進而出現抵抗威脅的反應。

在簡報中施加「推力」就能解決這個問題，客戶便能毫無壓力地做決定。

數千年來，人腦會隨著壓力因子而演化，鱷魚腦必須不斷調整適應，以免社交情境危及選擇能力。這正是我的主要理論之一：人們稍微察覺自由意志被剝奪（科學家稱作削弱選擇自主權），就會引發對抗威脅的行為。

等鱷魚腦解除危機意識後，你就要完成範本的另一半，即施加「拉力」：

「不過話說回來，假如這個提案最後獲選了，我們可以結合彼此的優勢，做一番了不起的事業。想像一下，各位的飛航經驗和熱情，搭配我們的策略和金融知識，簡直就像獲得超能力一樣，隨便鎖定一個投資人，都能挑起對方內心的欲望！」

接著，我把重點放在人際地位上。大腦時時刻刻都在評估，社交情境如何提升或貶低其人際地位。然而，眼下所有競爭對手的固有地位都高於我們，財力、人氣、權勢等三項指標皆然，這是無法逃避的事實。因此，我需要快速營造當下明星魅力。

「好，真要說起來，我們超愛這項計畫。」

我開始翻轉會議室四周擺放的海報板。這些都是貨真價實的大板子，每個約半英寸厚。相較於PPT投影片播完就沒了，這些全都會留在現場，為整場簡報增添實體的存在感。

「我知道，坐在這裡的各位很難不去選古漢默或倫敦公司，畢竟他們都很厲害。每個成員都年輕有為，身穿俐落的訂製西裝，感覺使命必達，但是，我只有一個問題要請教：請問他們了解春日丘的足球報隊（pickup soccer）比賽嗎？」

這是天外飛來一筆，足以激發聽眾注意力，但缺點就是風險很大，因為若想岔開話題，最好有充分的理由。

「我會這麼問有我的道理。戴維斯菲爾機場的完整故事與過去改建案一再失敗的主因，必須等大家見了喬．拉米瑞茲，才可能好好交代清楚。」

我在研究機場案子時，認識了一名叫喬．拉米瑞茲的汽車維修技師。他個子很高、一頭波浪捲頭髮，蓄著過早灰白的山羊鬍。現在，他一身儼然要上教堂的正式穿著，大步走進了會議室。你應該不難想像，爭取十億美元合約的提案進行到一半，居然出現一名技師，在場委員的表情有多麼傻眼。沒人料到還有這招。他顯然不是來說明財務計畫或飛航間隔。我鼓勵他慢慢來、說出心裡的話即可。

時間一分一秒過去，但此刻氣氛充滿情感張力，不宜催促。喬走到講桌前，從口袋抽出一張摺好的筆記，朗讀起事先準備好的一段話：

「我從小在春日丘長大。我父親從德州達拉斯搬來之後，春日丘就一直是我的家鄉了。小時候沒什麼娛樂可言，沒有現在那些商場、戲院和溜冰場。但是，我們有一座足球場，就位在機場旁邊——」（他指著地圖上的一點，緊鄰著機場跑道。）「——每逢六日，我們都會在這裡踢足球，常常同時進行著兩三場比賽。這裡對大家來說都很方便，留給我許多童年的美好回憶。但一九九七年時，不知道為什麼，市政府居然把足球場鋪設成現在空盪盪的停車場，拜託各位想想辦法了……」

所有人都能清楚看到喬臉上的表情，除非是機器人或外星人，否則很難不受感動。當喬提到足球場被改建成無人使用的停車場，會議室內的氣氛頓時凝重了起來。

高強度的情緒會創造鮮明的回憶。某名人過世時，你記得自己在哪裡嗎？通常不難想起。大腦儲存記憶的區域，會依重要程度去區分經驗。眼下就是這個時刻。雖然情緒很難精確界定，但情緒對認知與決策的影響十分清楚。情緒是我們理解有價值事物的方式，也能讓記憶和事件產生連結。若高情緒強度真能提升專注力、理解力並喚起欲望，**我當然不能錯過眼前的大好機會，激發審核委員的「渴望」**。

謝謝拉米瑞茲分享後，我重新站回會議室前方。

「賽門、各位委員……你們都看到了，我們可以花一整天去研究提案背後的數字：這裡百分之二十四、那裡百分之十五、太陽能板要價一億美元、蓋座航廈要價一億美元等。十億美元只是數字而已。我們一直把這座機場視為純粹的金融交易，彷彿七千英尺機場跑道存在於虛空間似的。三十天前我才恍然發現，我們只想著設計、建造和獲利，卻忘掉了這可不是一座虛擬的機場，現在也不像一九四八年的機場位於某個鳥不生蛋的地方。我要說的是，在五十年前，春日丘人口還不到一千人，當地的野兔數量可能還比人多。如今已有十一萬五千個居民。

請思考一下，我們離那裡五十英里遠，卻在這裡遙控當地一千英畝土地的開發權，這可攸關著當地居民的生活啊。」

說出這番話的同時，我也建構了道德框架：照顧當地超過十萬名居民。其他競爭對手很難找到比這更高尚的價值了。這個框架回歸基本面，跟社會動物的生存息息相關，因此一定要善加利用，現在就是最好的時機。接下來，時間框架即能派上用場：

「我再五分鐘一定得結束，沒時間介紹我認識的另外三十七個春日丘朋友。老實說，我過去幾週都住在第十九街和主街交叉口的一家小旅館，還跑到鎮外滿是泥巴的空地跟人報隊踢足球，我就是在那裡認識了喬。所以我可以告訴各位，春日丘是很棒的社區，只要我們公平公正且支持當地居民，他們就會挺我們。」

會議室內情緒升溫到最高點。

賽門．傑佛里斯整個身子往前傾，都快從椅子上掉下來了，此刻終究忍不住發問：「你在那裡住過？那些居民你都認識？」原本正式的提案，如今成了輕鬆的閒談。「你還跟他們交朋友，記得全部人的名字？」

「我本來就很會記名字，」我說，「那些居民針對這個案子，都分享了很重要的看法。」

「因此，我們的計畫包含一座運動公園，還給喬和居民他們從小到大最愛的足球場。我們還希望加蓋一座年輕飛行員中心。這個案子有十億美元的經費，我們絕對負擔得起，可以不用另外募款。以下是具體的計畫……」

我把另一張海報板翻了過來。如今，提案儼然成了一場節目秀。

「你們真的要實現這些承諾嗎？」傑佛里斯懷疑地說。

「不然呢？」我說，「我們可不能隨便奪走社區居民重視的價值，必須把價值還給人家才對。」

根據主導人際地位後的原則，我現在要把A咖地位和框架支配權，分一些給在場其他人：

「運動公園和足球場的興建方案已經先完成了，我可不是在說好聽話，而是提出一個扎實的計畫。我們規畫好了工程標準，希望無論最後哪個提案出線，都能納入這一部分。五分鐘前，我們把這些計畫都用電子郵件寄給在場所有人了。無論我們的提案是否雀屏中選，都希望至少能重建那座足球場。」

我翻開最後一張海報板，上面是充滿強烈視覺效果的美好圖片：飛機在天空中翱翔，小孩在球場上踢著足球，滿臉自豪的社區居民展開雙臂。這些視覺鮮明的大圖，目的是要狠狠刺激客戶的熱認知。到了結尾，我會綜合所有元素：**時間框架**、**大獎框架**、**吊人胃口**、**道德權威**、**推拉並用**、**挑起欲望**、**提升壓迫感**，最後施放起框架碰撞帶來的煙火。

「各位委員，討厭一個點子其實沒什麼，糟糕的是遇到你『還算喜歡』的點子。如果只是『還算喜歡』，代表你心裡其實並不篤定。想像一下，假如跟自己『還算喜歡』的人結婚，感覺就沒什麼溫度。要是我的話，我看重的是什麼呢？我可能會想，假如我沒有真心支持喜愛『美國歷史遺產』這個構想，現在就會叫提案的傢伙滾蛋了。」

「我完全不會在意，因為這樣才對啊。同理可證，如果你們只是『還算喜歡』我們，拜託立刻叫我們滾蛋。我也完全不會在意，因為如果你們不是『真愛』我們的點子，日後當然不可能好好合作。我們對自己的構想有強大的信念。」

「現在我們坐在這裡的同時，戴維斯菲爾機場航廈的油漆正在慢慢剝落，老舊觀景台漸漸朽壞，當地公園也早被夷平了。戴維斯菲爾機場一切的硬體設施，在在反映年久失修的困境，從任何角度來看，都像被人遺忘在過去了。」

「但是歷史不應該遺忘這個地方。這裡曾經見證太平洋戰爭，許多轟炸機分隊在這裡起降數千次。軍人由此出發替國家打仗。對有些人來說，甚至是這輩子最後一次碰到的美國土地。」

「所以，假如各位很愛『美國歷史遺產』這個構想，也希望拉米瑞茲的孩子能在球場上玩耍，同時也想成為留名後世的資本家，那我們就是最適合合作的團隊，因為我們比其他人更懂得執行這樁美談。但是，我們可不是為了你們做這件事，我們彼此必須相互合作才行。等各位認為時機成熟了，**歡迎前來我們公司開會，討論日後合作的細節。**」

大獎框架可以簡化成一件事：抽身。在此關鍵時刻，審核委員會以為我會窮追不捨，但我卻選擇瀟灑離開。

我記得美國空軍訓練手冊以前有段文字：「一般而言，剛轟炸完特定地區後，不宜在上空直接彈射逃生。」我謹遵這項原則，因此是時候離開了。

根據我多年來提案的經驗，我發現一般人不會聽命行事，而是必須覺得自己握有自由意志，可以自主地做決定才行。除非你喚起原始的基本情緒，讓他們可以做出反應，否則他們也不曉得該做什麼。若缺乏多巴胺和去甲腎上腺素直衝腦門，同時引起欲望和壓迫感，他們便無法將你的提案深烙在記憶之中。

此時，在場委員都明白，葛林伯的小公司雖然只有六個人（加上七位顧問），卻很有機會打敗金融業界頂尖的大公司。我從無到有打造出一個簡報，在市場如同死水時異軍突起。是說我也至此才發覺，剛才是我提案生涯中最刺激的二十分鐘。

競爭對手的逆襲

下一位簡報的人是錢斯。果不其然，他的簡報技巧精湛、熟練又好預測。他先是落落長介紹古漢默公司近年來成交的許多大案子、自家公司卓越的能力，以及備受尊崇的業界地位。他名片上的公司標誌聞名全球，他也善用這點來發揮長處。

但此時發生一段好笑的插曲。錢斯說著開場白時，他的團隊七手八腳地想把筆電連接到會議室的投影機。雖然我們對此場景並不陌生，但我看到還是忍俊不住。這次提案攸關重大利益——**他們怎麼會浪費五分鐘來搞定器材**？我們這邊可是花了整整**兩天**，好不容易把簡報縮短了三分鐘。我的問題不久就得到答案：隨著他的投影片聚焦在螢幕上，我和幾個人發現右下角小小的數字：四十二。我的老天！他的簡報有四十二張投影片，看樣子一時半刻結束不了。

細數完古漢默（眾人早已耳熟能詳）的成就，錢斯開始詳細說起當前市場情勢。我可以感受到現場氣氛降至冰點，螢幕上秀出的冷冰冰資訊，把所有人的大腦都凍結了。他站在講台上意氣風發、口才便給，但只提到一大堆數據，而不是真正的重點：為何挑現在？方法為何？要徑是什麼？

錢斯仰賴的是超大公司常用的經驗法則。由於這些公司規模大又成功，因此自認很能幹，往往不會直接指出如何達成目標。他們認為，聽眾會假設「一切都搞得定」，但果真如此嗎？我們難免會心生懷疑。在大公司中，諸如錢斯這號交易高手，通常是憑著幫公司找生意來賺錢，不見得每個案子都有結果。

每間公司的提案簡報上限為一小時，錢斯居然能講到一分鐘都不剩。我被他的金融分析轟炸四十分鐘後，開始昏昏欲睡。他是整個團隊的發言代表，帶著聽眾看過每張投影片上密密麻痲的文字。我心想，**這對他們沒半點幫助**，卻對我非常有利。

最後換倫敦來的團隊上場。**幸好**，他們沒有用滿一小時。相反的是，他們的簡報反映了歐洲人講究效率的風格：乾淨俐落，強調財務模型。這個團隊也有「令人驚豔的賣點」，他們運用數位 3D 動畫，呈現過去做過的航空專案，我十分佩服。他們在航空業的經驗，遠比我們其他人加起來還多。

他們跟古漢默一樣，終究經不起簡報者常面臨的誘惑：忙著說明複雜的財務數據。當團隊說起案子的處理方式，一切就很清楚了：這案子對他們而言僅是一樁工程，無異於過去的機場專案。假如他們最終獲選，也會用標準作業手法執行這個案子，對於照顧當地社區毫無興趣，似乎也不在乎經濟衝擊，只著重於資金來源：盡快讓資金到位，蓋好機場，隨之抽身。

我不禁讚歎起他們散發的自信，也很確定他們有能力接下案子，並漂亮地按計畫執行。這群人可以輕鬆贏得青睞。

他們在簡報的尾聲，毫無保留地展露歐洲人的風範：抬頭挺胸、語帶濃濃的牛津腔和揚起大大的笑容。最後以一句話作結：「如果有機會接下這個備受關注的案子，將是敝公司莫大的榮幸，非常期待各位進一步通知結果。」

急轉直下掉進B咖陷阱了！前頭辛苦這麼久，最後卻犯了纏人的大忌。傑佛里斯走到講台邊，說了幾句話收尾，展現優雅風度，感謝三個團隊的簡報，並說接下來會進行為期一週的審核過程，隨即就結束了會議。

結果出爐

該說與該做的，都說了也做了。如今，我坐在葛林伯的洛杉磯總部辦公室，眺望著窗外的景色。我身旁有五個人，全都在等一通電話——決定成敗的一通電話。此時，傑佛里斯想必也召集了幾位審核委員到他辦公室，商討最後的細節。

我望著洛杉磯市景，回想起過去數月的努力、當天的提案和事後的迴響。整整兩個月的辛勞，濃縮成二十分鐘又五十二秒的簡報精華。現在，一切就看這通電話了——關鍵時刻的最終決定。電話響了起來。我在會議桌前坐了下來，按下擴音鍵，開啟與傑佛里斯的通話。

傑佛里斯開口說：「現在的戴維斯菲爾機場，正如你先前所說，航廈油漆全都剝落了，老舊的觀景台也慢慢在朽壞，幾乎所有東西都殘破不堪，包括跑道一些重要部分。誰會想讓飛機在那裡降落或檢修，或跑去那裡開會呢？一個都沒有。」這番話愈聽愈吊人胃口。我們只想知道結果。

「所以，我很期待看到戴維斯菲爾機場改頭換面，想到全新的機場大門和設施，心裡就滿是興奮。這說不定會成為世界級的私人機場。不過，我得挑對合作團隊才行。你們葛林伯上週的簡報表現很棒，雖然簡報有些地方仍有待商榷，但我們覺得非常吸引人。真的很難做決定，畢竟贏家只有一個……」

傑佛里斯此事故意停頓，每秒都令人煎熬不已，接著清了清喉嚨說：「恭喜！」

辦公室立即響起如雷的喝彩。

對我來說，這趟從沙漠回來的旅程總算告一段落，也證實了我多年實踐的心法無誤。它不是個人筆記本裡的提案小抄大全，也不是辦公室內的數千張索引卡片，更不是一堆學術觀念理論，也非提案守則裡的簡單檢核清單。若說微積分是解決數學問題的良方，土木工程是造橋鋪路的良方，我的 STRONG 心法則是敲定重大交易的良方，而且真的有用。

CHAPTER 08

正式投身 Pitch 戰局

Get in the Game

處理社交互動的能力，無法單憑直覺習得。十年前，我發覺自己在許多場合都是B咖，以為只能接受較低的人際地位，心想自己根本沒辦法控制框架，甚至不曉得框架為何。我也無法理性向各位說明，為何早期我很排斥、甚至痛恨傳統的銷售技巧。

我只知道，自己想要的是不會造成創傷的方法，不用哀求或逼迫去激怒別人，致使別人後悔跟我做生意。我也不會咄咄逼人、凸顯B咖陷阱的推銷伎倆，因為這只會帶來焦慮和恐懼。

我的心法之中沒有B咖陷阱容身之處，原因很簡單：你並不是在強迫推銷，而是用社交動態的基本原則與人互動。

多年來，我到美國各地和國外提案都奉行這套原則，一大收穫就是，無論到哪裡，人的鱷魚腦都一樣，不分紐約或加州、法國或美國。每個鱷魚腦的反應可總結如下：

- 面對無聊的人事物：自動忽略
- 面對有趣的人事物：戰／逃
- 面對複雜的人事物：快速摘要（因而漏掉資訊）再把刪減版傳到別區

只要實踐我的心法，等於是在介紹遊戲給鱷魚腦玩，同時也邀請其他人同樂。此時，你會發覺鱷魚腦變得很不一樣，**實際上也正是如此**。框架本位的互動能刺激感官，更能吸引他人融入社交情境，而非用罐頭反應和壓力戰術來修理對方。在凡事都按標準程序的圈子，這個方法會讓你與眾不同。

這套心法是我獨自苦學而來，耗費了一萬小時以上嘗試錯誤（感謝許多有耐心又懂得體諒的客戶）才校準完成。起初，我真的搞砸了一些重要的案子，理應要找個夥伴或團隊合作，但每個人聽完我的方法都不敢使用，認為既複雜又變化莫測，因為我當時還沒研究出模型。現在，這套心法不再複雜難料，框架皆容易控制，不論任何情境都能打造當下明星魅力。

回到最基本的定義，我說了半天的框架到底是什麼？框架是每個人都會使用的心理參照機制，用來取得對不同議題的觀點和重要性。框架會影響判斷力、改變人類行為的意義。比方說，看到某個朋友快速開闔雙眼，我們的反應各有不同，一切都取決於將其解讀為生理框架（她眨了下眼睛）或社交框架（她使了個眼色）。想想以下詞語：碰到、撞到、衝撞和撞毀。這些都代表車禍的嚴重程度。**框架形塑了每個社交互動的潛在意義**。

舉例來說，我們聚在一起聆聽簡報、開會或提案時，絕對不能妄想丟出大量資訊後，就能原封不動傳達到對方腦中。你不能光把一卡車的資訊倒給客戶或投資人，然後說：「來，這些東西全給你，看看你能挖到什麼寶。」他人是無法吸收的，就算有辦法也沒時間吸收。這是簡報者常面對的問題：決定簡報的內容和方式，並不像碰到數學或工程問題、愈多資訊愈有利解題，而是要思考該採用哪部分的資訊——案子哪部分會引發新皮質毫無情感的分析，哪部分會喚起鱷魚腦熱力十足的運作。

這就是為何框架的支配乃一大關鍵，用來過濾資訊並提供意義，拉近你和客戶之間本有的距離。框架可以簡化複雜議題，把單一詮釋加以放大，並在過程中建構觀點。

當你用對了框架，也就主導了議程。這點的重要性不在話下，因為每個情境可從許多視角解讀，框架支配就是主導看案子的視角，把案子加以包裝，只凸顯特定詮釋。

舉例來說，一九八四年美國總統大選期間，雷根總統高齡競選連任引發外界諸多關注。他在與華特・孟岱爾（Walter Mondale）的總統大選辯論中發言宣示：「這次競選我不會拿年齡來做作章。我不會為了政治目的，去攻擊對手太年輕或缺乏經驗。」

從某個角度看來，這番話完美示範了如何取得框架支配權。雷根改變了該社交場合潛藏的意義、掌握了A咖地位，建立了無懈可擊的強大觀點，觀眾看了就會群起支持。我們也可以從中學到社交動態的要義：不管是哪一種推銷，保持幽默、風趣和愉快乃必要條件。

正如第一章所言，近年來，我總算搞懂人們推銷時常犯的基本錯誤。我們要求高度演化的新皮質（充滿細節和抽象概念）去說服鱷魚腦（怕東怕西，需要簡單、明確、直接又不具威脅的觀點）做出對我們有利的決定。多虧了這份領悟，我才會一頭栽進框架和人際地位的世界。

本書一開始就點出了社交動態的兩大要點。第一點有關訊息結構，你必須好好包裝點子來應付客戶的鱷魚腦，加以激發熱認知。換句話說，避開新皮質的超理性分析，改用視覺和情感刺激、打開對方原始本能的開關，也就是喚起「渴望」。

第二點有關操作順序，你要隨時留意敵對的權力框架，並用更強大的框架贏得接下來的碰撞。再來，在小處拒絕對方、展現倔強的姿態，藉此鞏固框架支配權。

現在，我要追加第三點：**保持幽默、樂在其中**。這點是框架支配、取得A咖地位和一般社交互動的基礎。

當然，我們之所以拒絕對方和態度倔強，是為了重構當下情境、拉抬自身價值；換句話說，我們不把客戶當成推銷對象，而是**要客戶要向我們證明自己。我們的時間比客戶的時間寶貴**，假如他們要埋B咖陷阱，我們隨時都能瀟灑走人，不會任人擺布、淪為B咖。但整個過程中，**切記同時也要展現幽默**才行。

重點在於，幽默並非用來緩解壓迫感，而是顯示儘管氣氛確實緊張，你的自信強大到能輕鬆以對。也許可以這麼思考：選擇多的人不會焦慮不安，也不會太認真看待得失。

這也顯示建構框架是場遊戲，歡迎他人加入同樂。假使你從大師級人物手上奪得權力框架，對方又搶了回去，不正是在對你下戰帖、要你進一步提升能力嗎？若你有機會遇到運用框架的高手，他們就會告訴你，成功的祕訣就是用好玩的方式製造壓迫感，同時邀請他人加入這場框架遊戲。

我之所以這麼說，是因為多數買家、客戶或投資人都會使出權力框架，早已見怪不怪，不必擔心。權力框架十分死板，只要善用權力瓦解框架、吊胃口框架、大獎框架和時間框架，就能輕易擾亂。

權力框架固然容易瓦解、吸收和控制，但許多人仍不懂箇中技巧，因此買家會驚慌失措。下手輕一點，別占人便宜。買家經驗法則是，多數人都會任憑他們擺佈，他們下什麼指令都可以，譬如說：約在交通不便的地方會面、等我一下、現在馬上開始、這邊暫停一下、再寄更多資料過來等。一旦遇到像你這樣不屈服的人，他們會立刻察覺：「這傢伙滿有意思的，不像其他人那樣拚命取悅我，這是怎麼一回事？」

認知框架和主導地位的力量是一回事，身體力行去實踐又是另一回事了。想成為框架高手並非易事，需要思考、努力和意志力，但最終的收穫相當可觀。好處是，這份體驗從一開始就很好玩，只要做法正確，便會一直好玩下去。假如過程中你發覺並不好玩，就代表有環節出了問題。找個熟悉此事的同事或朋友回溯一下，看看火車在哪裡脫軌了。我自己也調整了許多次。過程也許辛苦，但難不成你想重新採用傳統推銷手法嗎？回到「訪談客戶」和「成交試探」的不歸老路？

成為框架大師還有另一項好處，起初可能不太明顯，但會大幅影響你的生活。久而久之，你會注意到工作和休閒活動的效率增加。因為只要具備強韌的框架，你就會忽略對達成目標無益的事物，進而提升你對重要事物的專注力。

藉由建構框架，自然會看到真正重要的東西：人際關係。在社交情境中，也可避免因瑣事分心或有壓力。軟弱的框架和無謂的細節，都會被強韌的框架給彈開。在此一框架的引導下，你的觀察、判斷、決策和行動等能力都會大幅改善。

目前為止，我談了框架的結構、取得人際地位的方法。但仍有待你身體力行，才能真正駕馭這套心法。在 Pitch 初期，本書會是你的必備指南，隨著個人步調快慢，終究都得放下書本。人的能力來自於實踐，而不是坐在桌前苦讀或上網學習。另外，我強烈建議找同事或是一群人共同學習，因為正如本章開頭所言：**處理社交互動的能力，無法單憑直覺習得。**

幸好對多數人來說，只要能夠按圖索驥、具備良好幽默感、態度樂觀正向，學會控制框架通常不是難事。若你的特質剛好符合，踏出第一步應該不會很難。

七大步驟搞定 Pitch

每當有人想跟我學習框架知識、社交動態或整套心法，我都會事先提醒：框架本位的社交互動「藥效」很強。你不必背誦那些觀眾都知道的業界老哏，而是要深入對方大腦的主控室，一窺最原始的設定，同時進行表意識和潛意識的溝通。假如用錯方法，像是缺少幽默、沉穩和風度，我保證對方會叫保全請你出大門。我可不希望收到有人寄來一封郵件、氣呼呼地跟我抱怨自己被開除了，所以麻煩詳讀接下來的叮嚀。

以下是學習這套心法的具體步驟：

步驟一

學會辨認與避開B咖陷阱。若想訓練腦袋以框架本位思考，這個方法風險最低。日常生活中，隨時留意周遭的B咖陷阱，認出任何要控制你行為的事物，然後思考如何避開陷阱。這個階段的學習重點在於敏銳地辨認出陷阱所在地（陷阱到處都是）。

雖然不採取行動也沒立即危害，但櫃台人員請你在大廳稍候時，就是考驗的開始。記得提醒自己，假如踏入這個B咖陷阱，接下來只會遇到更大、更難逃脫的陷阱。

步驟二

開始嘗試繞過B咖陷阱。起初一定會不自在，但之後就會不知不覺習慣成自然。找個同伴一起練習避開B咖陷阱。

誠如本書開頭所言，這套心法最大特色是簡單。我實踐至今十多年了，只靠著四個基本框架，加上避開B咖陷阱的能力，工作就蒸蒸日上。因此，不必把事情過度複雜化，也無須擔心自己缺乏技巧，技巧會自然而然慢慢習得，你只要專注享受過程即可——這才是成功的祕訣。

步驟三

辨認不同的社交框架。平時多留意從四面八方襲來的框架。權力框架、時間框架、分析師框架到處都是，每天都會撞擊你的框架。培養察覺框架接近的能力、加以描述並跟同伴討論。運用框架建構的術語，就會愈加擅長辨認框架。

步驟四

挑安全目標下手，主動展開框架碰撞。所謂安全目標，就是不會害你丟飯碗的對象。我的意思是，明天可別大搖大擺走進CEO辦公室、拿走他手中的三明治、雙腳翹在他的桌上，嘴裡還說著該聊聊要發多少獎金給你了。

找個同伴練習，先以輕鬆的態度來化解敵對框架。我不厭其煩再三提醒，因為這點真的很重要。別忘了，保持幽默和身段柔軟是必要條件，沒做到的話只會顯得無禮傲慢，觸發鱷魚腦的防禦機制，無法吸引客戶跟你熱絡互動。

步驟五

在小處拒絕、展現倔強態度，藉此主導社交框架，等於替氣氛注入衝突和壓迫感。這就是重點所在，先推後拉。這些舉動只要不失柔軟，就能讓對方的鱷魚腦安心，知曉當前沒有明顯的危險。若執行此步驟時遇到困難，往往是因為態度太過強硬，反而引發了對方的防禦機制。倘若如此，**先暫時休兵**。不順利時別往前衝，因為這代表某個環節出了差錯。找另一位同伴練習，選擇不同的社交場合或地點，或直接「重新啟動」，從頭開始練習。

步驟六

框架支配無法強求，強求來的只會剝奪樂趣。這不是給人看的舞台劇，也不是馬戲表演，而是你可以參與並享受的遊戲——不妨這麼想，玩遊戲的目的在於享受遊戲的過程，規則要公平又有挑戰，讓人有機會取得勝利。

若你發覺自己做得很勉強，問題還不算太大，解決辦法很簡單：稍微放輕鬆即可。當你說話導致不同框架碰撞，就可露出愉悅的眼神，內心保持微笑。對方會感受到你的善意和幽默，進而給予正面的回應。

最重要的是，請記得這套心法不是傳統的銷售技巧。不必靠著勾肩搭背、爽朗大笑等浮誇表現來贏得生意。不必施加壓力、運用蠻力，也不必感到焦慮，而要把心法當成一個好玩的遊戲，每次拜訪客戶都派上用場。只要你時時刻刻享受其中，別人也會與你同樂。保持快樂就會邁向成功，道理不是很簡單嗎？

步驟七

找其他框架大師合作。現在你已培養好基本能力，應開始找比你厲害的高手。正如投入藝術或運動的領域，拜師學藝比單打獨鬥更能快速精通一門學問。力求精益求精。即使是跆拳道黑帶十段高手，也是不斷精進技藝，以求更上層樓。不必想得太複雜，挑些適合你的框架，專心致志地實踐即可。

有朝一日，當你成為一名框架大師（或目標離你不遠），就會體驗到無窮的樂趣。我有時提案到一半，會突然自顧自笑出來，就算是數百萬美元的案子也一樣。有何不可呢？這場遊戲的規則由你制定，可視情況加以調整，保持自身優勢之餘又不會惹惱對手。想想這有多美好。

但請遵守唯一一條鐵律：**制訂別人可依循的規則。由於議程與框架都在你掌控之中，因此這是場輸不了的遊戲，這樣還不夠有趣嗎？**

我在學習這套心法時，最常遇到的困難，多半是與人討論時缺乏共通的語言（lingua franca）。以前，我得花費許多時間說明，導致容易錯失時機；現在，我可以說：「小心！對方使用權力框架了。我們要用道德權威和權力瓦解框架反制，才能贏得眼前這次框架碰撞。」

因此，務必學會框架支配的通用語言。以後，你跟夥伴或團隊的對話應該變成這樣：

「這些傢伙從大廳到會議室的途中就設了一堆B咖陷阱。你要立刻用時間框架回擊，隨後馬上抽身。之後他們會祭出權力框架，你用大獎框架應戰就好，再施展幾次推／拉技巧。」

或是像這樣：

「分析師框架來囉。我們先回以吊胃口框架、掌握當下明星魅力，然後立刻抽身。」

本書提供了許多常用詞彙，希望能加深你對這套心法的精熟度，讓框架本位的思維深植你的DNA。各位最需要認識和活用的詞彙整理如下：

- 框架支配權
- 權力瓦解框架
- 框架碰撞
- 祭出大獎
- B咖陷阱
- 掌握人際地位
- 當下明星魅力

・推／拉
・A咖
・熱認知
・鱷魚腦
・新皮質

這些詞彙都代表著一般人不會留意、也是你以前不曾留意的社交情境。隨著生活改善和職涯升遷，你的責任會慢慢增加，面臨的挑戰也會變多。若你是運用框架的高手，就有助減輕這些負擔。即使不是有意識地支配框架，在別人眼中，你也會是充滿智慧又值得信任的領導者，身價隨之水漲船高。

你可以透過自己的框架幫助他人認清不同的情境和機會，他人與你互動起來也會毫不費力。無論是哪個社交情境，志同道合的人相處起來總是比較輕鬆，這就會成為別人對你的觀感。

因此請務必好好學會支配框架，一有機會就多多練習，同時要樂在其中。祝福各位練功順利。這套心法至今對我仍十分受用，希望也會對你大有裨益。若想進一步了解框架支配的方式，歡迎前往我的個人網址：https://orenklaff.com/。

募資提案教父的破億成交術

作者　歐倫・克拉夫（Oren Klaff）
譯者　林步昇
商周集團執行長　郭奕伶
商業周刊出版部
總監　林雲
責任編輯　林昀彤（初版）、黃雨柔／林雲（二版）
封面設計　萬勝安
內文排版　菩薩蠻數位文化有限公司（初版）、中原造像股份有限公司（二版）
出版發行　城邦文化事業股份有限公司 - 商業周刊
地址　104 台北市中山區民生東路二段 141 號 4 樓
電話：(02)2505-6789　傳真：(02)2503-6399
讀者服務專線　(02)2510-8888
商周集團網站服務信箱　mailbox@bwnet.com.tw
劃撥帳號　50003033
戶名　英屬蓋曼群島商家庭傳媒股份有限公司城邦分公司
網站　www.businessweekly.com.tw
香港發行所　城邦（香港）出版集團有限公司
香港灣仔駱克道 193 號東超商業中心 1 樓
電話：(852) 2508-6231　傳真：(852) 2578-9337
E-mail：hkcite@biznetvigator.com
製版印刷　中原造像股份有限公司
總經銷　聯合發行股份有限公司　電話：(02)2917-8022
初版 1 刷　2018 年 3 月
二版 1 刷　2023 年 7 月
定價　380 元
ISBN　978-626-7252-90-1（平裝）
EISBN　9786267252918（PDF）／9786267252925（EPUB）

本書為《為什麼 Google、LinkedIn、波音、高通、迪士尼都找他合作？》（Pitch Anything）修訂版

國家圖書館出版品預行編目資料

募資提案教父的破億成交術／歐倫・克拉夫（Oren Klaff）著；
林步昇譯 . -- 二版 . -- 臺北市：城邦商業周刊 , 2023.07
面；　公分 . --（藍學堂；181）
譯自：Pitch anything : an innovative method for presenting, persuading and winning the deal
ISBN 978-626-7252-90-1（平裝）

1. 銷售　2. 職場成功法

496.5　　112010937

藍學堂

學習·奇趣·輕鬆讀

藍學堂

學習・奇趣・輕鬆讀